U0385375

洋酒笔记

Western Liquors Encyclopedia For Gourmet

[日]上田和男 主编 王芳 译

北京出版集团公司
北京美术摄影出版社

在这本书中，将会为读者展示并说明除葡萄酒和啤酒以外各式可以被统一称为洋酒的酒种。比如金酒、白兰地、威士忌等，这些都属于蒸馏酒，其独具魅力之处在于爽口干脆的口感和浓郁甘醇的香味。日本人对威士忌的熟知程度与鸡尾酒是并驾齐驱的，酒吧中被点中的概率很高。再有一件令人高兴的事是，现在不只倾向于调和威士忌，在接触了麦芽威士忌后，越来越多的人开始为底蕴深厚的麦芽威士忌而着迷。

白兰地也不是只有干邑和雅马邑这些大牌，还有如意大利的渣酿白兰地等，也可体验到多种风味。另外，如朗姆酒、龙舌兰酒、伏特加、金酒等，也都因自身那独有的味道而拥有众多的酒迷。饮用时放入冰块或者直接喝下都是不错的选择，鸡尾酒基酒那种独有的存在感是无法用语言来表达的。总之，这是大众中不论哪一类人群都可以享受到酒中快乐的一种酒。

本书所提及的就是这些洋酒最基本的品牌。若能愉悦地阅读，并在之后的饮酒中品尝到其中的美妙，抑或有自己新的体验，那就甚妙了。

主编　上田和男

2011年6月吉日

体验并享受洋酒带来的快乐不需要很专业的指导材料，这本书所介绍的基本知识就可以视为洋酒的入门级知识，其中还加入了一点相对较深入的内容。

这本书的编辑是从著名调酒师上田和男先生对洋酒一些深入浅出的谈话和沉着的笑容开始的。

然而洋酒的领域就如同宇宙一样，非常的深奥，只要人们接触到就会被无形的魔力吸引，对洋酒知识的探索是无穷无尽的。对洋酒投入的巨大热情，可以从提供帮助的各公司负责人的言谈话语中充分感受到。

洋酒同时也被视为一种生物，既会产生一些东西，也会消失一些东西，不论是不是同一品牌，随着时间的流转都会慢慢发生一些变化。若想真实地了解这其中的玄妙，就要沉浸在那几百年的长河中耐心地研究。

因此，本书有了现在的形态，在内容上会给人一种资讯的感觉，我对此感觉有些羞愧，可具体到这本书的好与坏，还是需要看过这本书的人来评判。若能在探究与洋酒有关的趣事时建立起一种与洋酒的新关系，那更是令人愉悦的好事。

执笔代表　松尾富美惠

2011年7月吉日

◎目录

白兰地

金酒

伏特加

朗姆酒

龙舌兰酒

其他蒸馏酒

[专栏]

◉ 本书的使用方法

主要产品

这里列出的是该品牌从正规渠道进口的主要产品。按从左到右的次序逐个介绍，依次为该产品的名称、酒精浓度和容量。

威士忌

Whisky / Whisky

威士忌的基础知识

历史与概述

相传，蒸馏器的历史十分悠久，起源于公元前3000年。不过以谷物为原料，利用这种器具制造出蒸馏酒精则是在8～9世纪的阿拉伯国家，之后再流传到欧洲，从12～13世纪才开始酿造出真正的蒸馏酒。据说，蒸馏酒开始是作为药用品存在的，后来才出现了以各种各样的谷物为原料的品种繁多的蒸馏酒。而在这其中，又以威士忌最广为世人所爱。

关于蒸馏酒的发源地，有爱尔兰和苏格兰这两种说法。相传在爱尔兰，1172年就开始饮用以大麦为原料的蒸馏酒，不过在文献上最早有记载的，则是1494年苏格兰的财务省文书。直到今天，只要提到威士忌的酿造，这两个地方也始终是世界的中心。至于威士忌这个名称，是早在18世纪初期就确定下来的。在那之前，它的名称是“AQUA VITAE”，在拉丁文中是“生命之水”的意思(因为本身作为药用)，之后开始使用当时在爱尔兰及苏格兰广为流传的名称“uisce beatha”（同样有“生命之水”的含义）。

1707年，苏格兰与英格兰合并。那个年代的威士忌还是无色透明的，后来之所以会变成琥珀色并带有芳香气味的饮料，是因为1725年与法国的战争，由于要筹集战争经费，便把酒税一口气抬高了十几倍。之后的大约100年实行的都是这样高昂的酒税制度，而当时许多的蒸馏酒厂因为缴不出税来，只好把酒厂关掉，偷偷地转为地下经营。因为是不能公开的买卖，所以在进行蒸馏后，只能先将那些酒藏到木桶里面，等到有适当的时机再拿出来卖，结果这样的举动反而促成了威士忌的发酵，也产生了独特的色泽。

在那之后的很长一段时间，威士忌才在全世界流行起来。19世纪下半叶，作为葡萄酒与白兰地原料产地的法国因为蚜虫肆虐而遭受了毁灭性的损失，以至于完全不能生产与供应。就是在那个时候，法国从英国进口了威士忌，这便是一个让威士忌推广到全世界的绝佳契机。

如今，苏格兰威士忌（产地苏格兰）、爱尔兰威士忌（产地爱尔兰）、美国威士忌（产地美国）、加拿大威士忌（产地加拿大）和日本威士忌（产地日本）被誉为全球五大威士忌。美国虽说是1776年才从英国独立出来，但威士忌的酿造技术其实在早些年就已经随着一些移民流传到美国了。在西部的肯塔基往来的农民之间，也早就以玉米为原料酿造波本威士忌了。不过，在1920年开始实行的“禁酒令”持续的13个年头里，很多蒸馏酒厂关门大吉。还好对于小成本经营的酒馆，打击的力度相对来说和缓些。加拿大跟美国一样，威士忌的酿造技术也是通过移民带进来的。作为原料国的邻国，其威士忌的技术跟产量也呈现出了飞跃性的提升与增长。日本威士忌是在日本开国之后才出现的，1923年，寿屋（现在的三得利）在京都的山崎成立蒸馏酒厂，由从苏格兰学习酿造技术留学归来的竹鹤政孝负责指挥酿造。从那之后，日本人才开始自行酿造威士忌。后来竹鹤先生辞职，成立了日果威士忌有限公司。

原料和制造方法

虽说威士忌是以大麦或裸麦、小麦、玉米为主原料而酿造出来的酒类，但现在也许只有在加拿大酿造的威士忌里面才会用到少量的裸麦。把开水倒进发芽的大麦里做成糖水，再加入酵母，发酵之后，就是还没有过滤的酒了（被称为“Wash”的蒸馏原液），酒精度在7度左右，与如今的啤酒酿造方法几乎是一样的。对于威士忌来说，大麦的作用就好比酵母对日本酒或烧酒的作用，都是促进淀粉糖化不可或缺的材料。即使以裸麦或者小麦、玉米作为主要原料进行酿造，大麦也还是必须要用到的。

将没有进行过滤的酒倒进蒸馏器里，等酒精挥发并且冷却之后，所产生的物质就是我们称之为“Spirits”的蒸馏酒。相对于酿造酒，蒸馏酒的酒精度比较高，原酒可以达到60～70

度。接下来再将这些蒸馏酒封存，放进木桶里面，等待其熟成，而后再加水稀释到40度左右，即可包装成出售的商品。

蒸馏是制造过程中非要重要的环节。为了提高浓度，通常会反复蒸馏多次，蒸馏器也有单式蒸馏器（Pot Still）与连续式蒸馏器（Patent Still）两种。单式蒸馏器只用来萃取香味成分比较多的蒸馏液，而连续式蒸馏器则用于萃取香味成分较少且口感温和圆润的蒸馏液。

威士忌是按照原料以及上述的蒸馏液不同的装瓶方式来分类的。

就苏格兰威士忌来说，把单独使用大麦麦芽（malt）为原料的产品称为"麦芽威士忌"。将在同一家蒸馏酒厂酿造出来的麦芽威士忌装成一瓶，即可称为"单一麦芽威士忌"。而将几家蒸馏酒厂酿造出来的麦芽威士忌装成一瓶，则被称为"调和麦芽威士忌"。

另外，将选取大麦以外的谷物为原料的威士忌称为"谷物威士忌"。而将这种谷物威士忌与麦芽威士忌混合而成的威士忌叫作"调和式威士忌"。一般情况下，麦芽威士忌会采取单式蒸馏法，谷物威士忌则会采取连续式蒸馏法。

在对威士忌的认知上，美国有它的独到之处。通常将只以麦芽为原料的威士忌叫作"单一麦芽威士忌"；而在原料中，如果大麦占了51%以上，即可被称为"麦芽威士忌"。最具代表性的美国威士忌莫过于"波本威士忌"，这种以玉米为主要原料的威士忌是相当闻名的。

我们刚才提到的熟成是指把蒸馏酒封存起来，放置在橡木桶里，经过漫长的岁月，原本粗犷浓烈的原酒会变得圆润温和起来。熟成可以提升蒸馏酒的风味，初期透明的威士忌会变成琥珀色，据说5年的时间就可以产生独特的颜色和温和的口感，如果放置15年，就会非常出色了。

本书先简单地向读者介绍威士忌的5大产地，一方面，发源地苏格兰有很多蒸馏酒厂的名门，特点也因产地而有所不同，因此接下来会根据高原、斯佩塞、盆地及坎贝尔镇、岛屿区、艾雷岛等地区分别讲解。另一方面，调和式威士忌也有很多优秀的品牌，所以在下面需要单独立一个项目来说明。

◆ 苏格兰威士忌

苏格兰威士忌是在英国的苏格兰地区酿造的威士忌的总称。它作为威士忌的代名词非常出名。以下罗列出来的五大产区是闻名世界的老字号蒸馏酒厂。不仅名气相当大的麦芽威士忌有许多知名的产地，调和式威士忌在全世界也有相当一部分人追捧。

高原

位于苏格兰的中心地带，这里有相当多的蒸馏酒厂，其中还有一座是最早的政府公认的蒸馏酒厂。说这里是苏格兰威士忌的心脏地带也不为过。当地还有很多规模比较小、产量很少的稀有品牌也独具特色。

斯佩塞

位于高原的东北部，有超过50家的蒸馏酒厂在斯佩河流域聚集。这里除了也有一座历史悠久的政府公认的蒸馏酒厂，还林立着许多让喜爱威士忌的人士听到就疯狂的蒸馏酒厂。

盆地及坎贝尔镇

过去，苏格兰南部地区的知名度一点也不输给高原地区，可是由于大量没有节制的生产，反而让整体的风评越来越低，走到了如今这样一个衰退的境地。目前只剩下3座蒸馏酒厂还在运作，这仅有的3家，每家的风评都相当不错。而且顺便提一下，“云顶”就是在名门坎贝尔镇酿造的。

岛屿区

这是对高原西北方的5座岛屿的总称。这里共有6家蒸馏酒厂，酿造出的威士忌各具特色。

艾雷岛

艾雷岛坐落于苏格兰西岸海湾，岛上共有8家蒸馏酒厂。因为生产出来的威士忌带有独特的烟熏香味，所以这里的威士忌在苏格兰威士忌中也是特别有名的。

调和式威士忌

大多数亚洲人熟悉并且喜欢的就是这种调和式威士忌。比较受追捧的牌子有“百龄坛”“起瓦士”等。大家都觉得这种调和式威士忌是比较上乘的威士忌，这种理念也导致了这几个牌子非常火热。

不仅仅是苏格兰威士忌，一般来说，只要把麦芽威士忌和谷物威士忌混合在一起，就都可以统称为调和式威士忌。

◆爱尔兰威士忌

爱尔兰与苏格兰并列为威士忌的两大发祥地。北爱尔兰是英国的领土，也在这个岛国的北部，南部则是爱尔兰共和国。一般来说，无论在这两个地方哪里生产的威士忌，都被称为爱尔兰威士忌。

◆美国威士忌

起源于肯塔基州，以玉米为主要原料的波本威士忌是美国最具代表性的威士忌。当然也有以大麦、小麦、裸麦等谷物为原料酿造的威士忌，但是名气就远远不如波本威士忌了。

◆加拿大威士忌

加拿大主要以生产调和式威士忌为主流。以风味独特的裸麦酿造而成的威士忌，加上以甜润清爽的玉米酿成的威士忌调和而成。这两种风味融合在一起，具有别具一格的口感与香味，所以对这种威士忌的评价也非常高。

◆日本威士忌

虽然日本威士忌起初是以苏格兰威士忌为范本的，算起来在五大产地里的历史也是最短的，不过在后来的衍变中，由于加入了日本人的喜好，刻意降低了苏格兰威士忌的烟熏口感，所以也渐渐地有了它独有的风味。日本现在主要生产麦芽威士忌和调和式威士忌。

苏格兰威士忌
Scotch

苏格兰威士忌的简述与特征

苏格兰威士忌相当于威士忌的代名词，它的存在性绝对是不可动摇的。在苏格兰，起码有100座蒸馏酒厂制造着无数非常知名的威士忌。当地的气温低并且湿地比较宽广，除了适合作为生产原料的大麦生长以外，还会在湿地形成草炭（草炭是由羊齿蕨、苔藓、石楠花等未完全分解的植物残体和完全腐化的腐殖质以及矿物质组成的）。在烘烤原料大麦芽的时候，如果使用草炭，草炭特有的烟熏香就会转移到麦芽上，从而孕育出非常独特且让人放松的香味。而这种香味正是苏格兰威士忌最大的魅力与卖点。

苏格兰威士忌的定义

基于1900年的苏格兰威士忌法案，苏格兰威士忌的定义如下：

1. 原料只有大麦麦芽（也可以加入一种其他的谷物）和水以及酵母菌。
2. 在苏格兰的蒸馏酒厂内进行淀粉糖化、发酵、蒸馏的工艺流程。
3. 为了保持苏格兰威士忌独有的风味，在进行蒸馏的时候，酒精浓度要低于94.8%，在装瓶的时候，酒精度则至少要达到40度。
4. 熟成的工艺要求：装在容量700升以下的橡木桶内，储藏在苏格兰的仓库里至少3年以上。

5. 严格保留酿造威士忌时从原料中提取而来的色、香、味。
6. 在装瓶的时候，除了水与添加颜色的焦糖，不允许有任何的添加物。

苏格兰威士忌的种类

苏格兰威士忌大致可以分成麦芽威士忌和谷物威士忌两种。麦芽威士忌是以大麦麦芽为原料，采用单式蒸馏器进行蒸馏；谷物威士忌是以5:1的比例将玉米和大麦麦芽混合调配而成的，并且使用的是连续式蒸馏器。将这两种威士忌混合调配而成的产品即是调和式威士忌。

苏格兰的“单一麦芽”精神

单一麦芽威士忌是把原料只有大麦麦芽，且在单一的蒸馏酒厂酿造的原酒封存在橡木桶里。它是麦芽威士忌，甚至是整个苏格兰威士忌的精神领袖。特别是近年来，单一麦芽的草炭香味受到了广泛的瞩目，在世界各地都掀起了一阵风潮。

独具特色的单一麦芽威士忌也许刚刚喝下去的口感不如调和式威士忌那样顺口。它的香味与味道也会因为产地不同而具有相当大的差异。本书提到了高原地区、斯佩塞、盆地及坎贝尔镇、岛屿区、艾雷岛5个产区，并为读者介绍了各自最为出名的品牌。这五大著名的产区，都酿造着个性而优雅的单一麦芽威士忌。

高原地区
Highland

大约有40家蒸馏酒厂分布在这片宽广的地域

位于苏格兰的中心地带，东起丹迪，西至苏丽诺克，它们的北方就是面积较大的高原地区。西部屹立着本尼威斯山，它是苏格兰的最高峰，山脚下一片荒芜的草原。自古以来，人们就是用这高山上的雪水来酿酒的。这里的40家蒸馏酒厂，规模不等，风格各异，历史悠久的威鹿酒厂（创立于1785年）的建筑物至今仍保留着，让人看得眼花缭乱。

草炭味比较淡、喝起来比较顺口是其特色

由于面积宽广，所以将这个地区分为东南西北4个区。因为每个区的酿造方法与环境都不相同，所以酿造出来的威士忌的味道也是不一样的。但是相对而言，草炭味比较温和、风格比较明显的威士忌占多数。

各地的主要特征如下：

高原北部：大多数是非常具有特色的威士忌，有许多佳作，如克林里斯及格兰乐等。

高原南部：喝起来温和圆润，且充满水果香味。

高原东部：口感上很接近斯佩塞麦芽威士忌，甘醇浓郁。

高原西部：味道介于艾雷岛麦芽威士忌与高原地区麦芽威士忌两者之间。

怀特马凯威士忌的麦芽原酒在雪莉酒桶里熟成的香味十分浓郁

创立于1839年的蒸馏酒厂坐落于高原地区的北部。1867年，当时的老板——麦肯基兄弟开始提供原酒给怀特马凯公司的创始人。如今，举世闻名的怀特马凯威士忌依旧是这种麦芽原酿。这种麦芽原酿的特色在于以雪莉酒的橡木桶为主的熟成方式。带点刺激香味的要存放12年，具有芳醇的雪莉酒香则需要存放15年。还有用马黛拉酒、波本酒等6种在橡木桶里熟成的原酒制成的1263国王亚历山大三世等极具个性的产品。

大摩尔12年单一麦芽苏格兰威士忌
酒精浓度40%
容量700毫升

主要产品

大摩尔典藏单一麦芽苏格兰威士忌
酒精浓度40%
容量700毫升
大摩尔15年单一麦芽苏格兰威士忌
酒精浓度40%
容量700毫升
大摩尔1263国王亚历山大三世单一麦芽苏格兰威士忌
酒精浓度40%
容量700毫升

传统苏格兰威士忌与日果公司特有的酿造技术完美融合
芳香四溢的“圣山之水”

本尼维斯
单一麦芽威士忌10周年
酒精浓度43%
容量700毫升

矗立在海拔1343米的本尼维斯是英国西部高原地区最高的山峰，它象征着英国西部的圣山。本尼维斯酒厂于1825年在它的山脚下创立，这里也是世界公认的最古老的蒸馏酒厂之一，虽然该酒厂曾在1983年关门歇业，但是在1989年，日果威士忌股份有限公司将其收购，并重新营业。在这样寒冷且常年积雪的高山和丰富的自然环境中，酿造威士忌再适合不过了。将苏格兰传统的威士忌酿造技术与日果特有的新型酿造工艺相融合，便孕育出了这款芳香四溢、口感顺滑的苏格兰威士忌。

不使用草炭
麦芽风味浓郁的麦芽威士忌

坐落于达姆古茵丘的山脚下，创建于1833年的格兰哥尼蒸馏酒厂，因地处高原地区与盆地的交界处而广为人知。

这种威士忌起初被命名为“Glen Guin”(意为苏格兰峡谷里的野鹅群)，“打铁之谷”这个名字是自1876年改名为“Glengoyne”之后产生的。在麦芽干燥的时候没有加入草炭一起焚烧是它最大的特色。这让它与其他威士忌表现出明显的不同，可以纯粹地享受到麦芽自身带来的香味，而没有草炭味，其浓郁的芳香再加上自橡木桶熟成的余味悠长也是其不可忽视的特色之一。

格兰哥尼单一麦芽威士忌10周年
酒精浓度40%
容量700毫升

主要产品

格兰哥尼威士忌 17年
苏格兰单一麦芽威士忌
酒精浓度43%
容量700毫升
格兰哥尼威士忌 21年
酒精浓度43%
容量700毫升

GLEN GARIOCH

格兰盖瑞 / 威鹿

威士忌 苏格兰威士忌 单一麦芽威士忌 高原地区

充满绵密花香且拥有古老历史的高原单一麦芽威士忌

格兰盖瑞12年苏格兰单一麦芽威士忌
酒精浓度43%
容量700毫升

位于亚伯丁地区数一数二的谷他地带。格兰盖瑞（原威鹿）蒸馏酒厂——高原地区名门，其名称的由来亦是因为这些来自于东高原地区的人们，自1785年从事蒸馏事业以来，便一直这样称呼大麦田的山谷。酿造的过程以及蒸馏麦芽引用的都是天然水，再辅以波本酒和雪莉酒的空桶，自然可以想象，用这两种酒桶进行熟成，格兰盖瑞必然有着它独特的风味。12年的威士忌充满紫丁花的香气，又糅合了烤面包的焦香味，具有宛如水果般的绵密柔滑，又透着甘醇。15年的格兰盖瑞既隐隐残留着淡淡的木香与草炭香的余韵，又弥漫着薰衣草和石楠花的优柔芬芳。

在高大单式蒸馏器中酝酿出的纤细且复杂的高原名酒

在盖尔语中，“GLENMORANGIE”是“寂静的大峡谷”的意思。顾名思义，在寂静又柔和的风味中，复杂美好的韵味蕴藏在其中。酒痴们为它如痴如醉，欲罢不能。正对着高原北部的多尔诺克海湾的蒸馏酒厂设立于1843年，使用个头儿比较高的单式蒸馏器，先慢慢地将纯净的蒸气聚集起来，再使用橡木桶加以熟成。后期，再换进酒桶进行陈年酿造。格兰杰品种繁多，比如有使用索甸的葡萄酒桶的格兰杰纳塔朵，也有使用欧珞罗梭的雪莉酒桶的格兰杰勒桑塔等，可谓琳琅满目。

格兰杰勒桑塔
酒精浓度40%
容量700毫升

主要产品

格兰杰纳塔朵
酒精浓度46%
容量700毫升

OBAN
欧本

威士忌 苏格兰威士忌 单一麦芽威士忌 高原地区

融合了岛屿的温和圆润与高原的草炭香气

欧本14年苏格兰单一麦芽威士忌
酒精浓度43%
容量700毫升

创立于1794年西高原地区的港都欧本威士忌。比较罕见的是，其厂址坐落在群山环绕的海岸度假村地带，这对于蒸馏酒厂来说是相当少见的。因无法再自行扩张场地，也没有办法加上更多的蒸馏器，所以该厂只有2座单式蒸馏器。设备非常小也是因为场地的限制，从而导致产量也只能很少。可这些因素并没有影响其耀眼的程度。相反，由于其充分地结合了岛屿区的草炭香味和高原地区的温和圆润，倒让它变成了炙手可热的诱人产品。

主要产品

欧本蒸馏者精选威士忌
酒精浓度43%
容量700毫升
欧本32年(限量版)威士忌
酒精浓度55.1%
容量700毫升

Dalwhinnie
达尔维尼

被高山融解的雪水与精气包围在苏格兰的制高点孕育而成

举世闻名的达尔维尼蒸馏酒厂位于格兰扁山脉的山脚下，刚好在高原地区的正中央，是海拔高度最高的苏格兰威士忌蒸馏酒厂。厂内设有非常罕见的气象观测站，每天9点的气象观测是蒸馏酒厂管理员必须要做的工作。圆润温和又不拖泥带水的口感加上适度的草炭香味，达到了无与伦比的完美平衡，这也是这款威士忌的主要特色。新鲜的空气吹拂过开满山丘的石楠花，配上高山融解的雪水，才练就了如此精纯的味道。

达尔维尼15年苏格兰单一麦芽威士忌
酒精浓度43%
容量700毫升

主要产品

达尔维尼蒸馏者精选威士忌
酒精浓度43%
容量700毫升

CLYNELISH

克里尼利基

完美融合了高原味道与海洋气息的全方位威士忌

克里尼利基14年苏格兰单一麦芽威士忌
酒精浓度46%
容量700毫升

布朗拉小镇是高原地区最北部的蒸馏酒厂之一，坐落于苏格兰东北部、北海沿岸。克里尼利基在盖尔语中的意思是“黄金的湿地”。最早创立于1819年，不过目前的蒸馏酒厂是在1967年新建的（旧厂改名布朗拉酒厂，于1983年关厂）。克里尼利基不仅具有高原地区温和圆润、芳香甘醇的优秀特质，而且还能从中感受到一丝丝海潮的香味，被誉为最具海岸芬芳的高原麦芽威士忌。将苏格兰威士忌所有重要的元素都包含在内，具有复杂的风味，最重要的是其调和的比例堪称完美，百喝不腻，是名副其实的最受欢迎的金牌威士忌。

主要产品

克里尼利基蒸馏精选威士忌
酒精浓度46%
容量700毫升

巍然矗立在青山绿水间
规模在苏格兰数一数二的蒸馏酒厂

高原地区规模最大的蒸馏酒厂的所在地托马汀村，从高原北部的都市伊凡尼斯出发，往南约25千米即可到达。盖尔语中的“杜松树茂盛的丘陵”，便是用来形容这个小小的村落的。虽然并没有什么引人注目的地方，却不得不提到“自由的小河”。天然的小河清水和优质草炭，再加之小村绝佳的气温、湿度等条件，使这里成了酿造威士忌的理想产地。自1897年创业以来，它带动了整个苏格兰威士忌的产业发展，不断地酿造出温和圆润、比例绝佳且风味独具一格的威士忌。

托马汀12年苏格兰单一麦芽威士忌
酒精浓度43%
容量750毫升

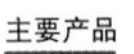

主要产品

托马汀15年苏格兰单一麦芽威士忌
酒精浓度43%
容量750毫升
托马汀18年苏格兰单一麦芽威士忌
酒精浓度43%
容量750毫升

在传统的基础上加以雪莉酒桶的熟成风味 享受全新的甘醇芳美

格兰多纳15年苏格兰单一麦芽威士忌
酒精浓度46%
容量700毫升

格兰多纳蒸馏酒厂成立于1826年，建于东高原地区靠近斯佩赛的小镇亨特利郊外。在盖尔语中，格兰多纳有“黑莓山谷”之意。其酿造方法恪守“铺地发芽”的准则一直到1996年。而在2005年之前，则都采用直接用石炭燃烧的传统手法，其作为教师牌和百龄坛17年的原酒非常有名。直至2008年，其经营权转到班瑞克公司手中，便改为生产100%雪莉酒桶的单一麦芽威士忌。其限量推出的洋溢着浓郁雪莉酒香味的商品，一时间就吸引了威士忌爱好者关注的眼光。

主要产品

格兰多纳12年苏格兰单一麦芽威士忌
酒精浓度43%
容量700毫升

格兰多纳18年苏格兰单一麦芽威士忌
酒精浓度46%
容量700毫升

格兰多纳精选31年苏格兰单一麦芽威士忌
酒精浓度45.8%
容量700毫升

深受维多利亚女王喜爱
诞生于老字号小型蒸馏酒厂

蓝勋蒸馏酒厂建于1845年，位于流经东高原地区山林间的迪河沿岸。它的规模在苏格兰的老字号蒸馏酒厂中位居第三，算是比较小的。英国皇室的避暑山庄巴尔莫罗堡就在其附近。这家蒸馏酒厂至今仍使用着传统的麦芽糖化槽及蒸馏器等。维多利亚女王曾经在1848年造访蓝勋蒸馏酒厂，并授予其皇家御用的勋章，从此，蓝勋蒸馏酒厂声名大噪。在那之后，皇家蓝勋威士忌即成为爱德华七世、乔治五世及皇室三代的御用威士忌。其柔顺的口感、具有麦芽风味的甘甜，再加上很少的产量（绝对的物以稀为贵），让这种威士忌非常抢手。

皇家蓝勋12年苏格兰单一麦芽威士忌
酒精浓度40%
容量700毫升

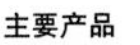

主要产品

皇家蓝勋精选苏格兰单一麦芽威士忌
酒精浓度43%
容量700毫升

THE SINGLETON GLENORD
苏格登单一麦芽威士忌

威士忌 苏格兰威士忌 单一麦芽威士忌 高原地区

承袭老字号的盛名 展现全新的麦芽威士忌

苏格登12年单一麦芽威士忌
酒精浓度40%
容量700毫升

成立于1838年的苏格登蒸馏酒厂位于高原北部。2007年，苏格登蒸馏酒厂推出了全新的苏格登12年单一麦芽威士忌。只要提到苏格登，就会想起创立于1974年、由位于斯佩赛的奥斯鲁斯克蒸馏酒厂酿造的梦幻名酒，该酒曾一度受到高度的评价，可却犹如彗星般消失，让人甚是惋惜。新酿的苏格登是单一麦芽威士忌，这一点不同于梦幻名酒。这款独特的威士忌选用当地生产的大麦和天然水，利用苏格登的传统技术酿造而成，不仅具有美丽的琥珀色、水果的香味，还有宛如巧克力一般的甘甜。

主要产品

苏格登18年单一麦芽威士忌
酒精浓度40%
容量700毫升

斯佩赛
Speyside

集中于斯佩河流域的蒸馏酒厂

受惠于凉爽的气候与优质的水资源，再加上丰富的草炭，高原东北部的斯佩河流域成了最适合酿造威士忌的地方。这里几乎占了整个苏格兰的一半，大约50家蒸馏酒厂林立于此。传说这里曾有超过200家私自酿造的酿酒厂，而从私酿跨出第一步的蒸馏酒厂至今也还保留着。格兰利威厂创建于1824年，创办人是乔治·史密斯。这也是第一家被政府许可的蒸馏酒厂。相传乔治·史密斯曾背上背叛者的骂名，被其他私酿的人排挤和敌视，甚至连生命都受到了威胁，所以他不得不随身携带防身的手枪。这个传说至今仍在当地流传着。由此可见，说斯佩赛是把苏格兰威士忌传承到现在的珍贵地区一点儿也不为过。

风味芬芳馥郁、比例极佳

拥有知名的品牌是很多蒸馏酒厂都具备的。除了上述的格兰利威之外，还有“世界上最多人喝的单一麦芽威士忌”格兰菲迪，被誉为“单一麦芽威士忌中的劳斯莱斯”的麦卡伦以及作为起瓦士主要基酒的芝华士等。当然也包括很多调和式威士忌的麦芽原酒。它们几乎都以芬芳馥郁、比例极佳的风味而著名。

The MACALLAN

麦卡伦

威士忌　苏格兰威士忌　单一麦芽威士忌　斯佩赛

从自制的雪莉酒桶里熟成出世界公认的劳斯莱斯级威士忌

麦卡伦12年苏格兰单一麦芽威士忌
酒精浓度40%
容量700毫升

1824年获得政府许可而成立的蒸馏酒厂，哈洛德百货盛赞其为单一麦芽威士忌中的劳斯莱斯。它坚持运用其独特的酿造方法，比如利用斯佩赛地区最小的直火蒸馏器及自制的雪莉酒桶来酿造等。10年的甘甜如太妃糖，12年的会散发出生姜及干燥水果的香味，18年的拥有强烈的余韵。黄金三桶是把在波本酒桶里熟成的原酒等3种不同的原酒融合在一起，这3种风格各异的风味，相辅相成，加上调和的比例绝佳，所以容易入喉，让品酒者流连忘返。这些产品都非常值得称道。

主要产品

麦卡伦10年苏格兰单一麦芽威士忌 / 酒精浓度40%/ 容量700毫升

麦卡伦18年苏格兰单一麦芽威士忌 / 酒精浓度43%/ 容量700毫升

麦卡伦黄金三桶12年苏格兰单一麦芽威士忌 / 酒精浓度40%/ 容量700毫升

麦卡伦黄金三桶17年苏格兰单一麦芽威士忌 / 酒精浓度43%/ 容量700毫升

蜂蜜的风味与甘甜的余韵
充满魅力且个性十足

1892年，格兰菲迪蒸馏酒厂的创办人威廉·格兰特在同一块土地上又新设了一家蒸馏酒厂，以扩大其事业的版图，因此前后两者被视为姐妹厂。采用一部分麦芽并使用传统的铺地发芽的酿造方法、橡木桶种类繁多以及蒸馏器的形状独树一帜是百富蒸馏酒厂的特色。继波本酒桶之后移到雪莉酒桶熟成、富有深度香味的12年双桶威士忌与只用波本酒桶熟成的15年单桶威士忌以及用波特葡萄酒的桶子酿成的21年波特桶威士忌，这些都是该厂酿造出来的非常出众的品种。百富蒸馏酒厂品类丰富，很有竞争性。

百富12年双桶威士忌
酒精浓度40%
容量700毫升

主要产品

百富15年单桶威士忌
酒精浓度47%
容量700毫升
百富21年波特桶威士忌
酒精浓度40%
容量700毫升

Glenfiddich

格兰菲迪

威士忌 苏格兰威士忌 单一麦芽威士忌 斯佩赛

受全世界酒痴喜爱的充满果香味的单一麦芽威士忌

格兰菲迪12年单一麦芽威士忌
酒精浓度40%
容量700毫升

格兰菲迪在盖尔语里是“鹿谷”的意思，是世界上喝的人最多的单一麦芽威士忌。格兰菲迪蒸馏酒厂由威廉·格兰特创立，并于1887年圣诞节产生了第一滴威士忌。这种威士忌非常有名同时也非常值得称道的地方在于其所有的流程（从蒸馏到装瓶结束）都是在蒸馏酒厂的设施内进行的。12年的单一麦芽可以品尝到宛如新鲜洋梨的香味和水果的芬芳。而在雪莉酒桶、波本酒桶以及全新的酒桶这3种酒桶里熟成的15年的单一麦芽则可以体味到馥郁的香气和醇厚的风味。

主要产品

格兰菲迪15年单一麦芽威士忌
酒精浓度40%
容量700毫升
格兰菲迪18年苏格兰单一麦芽威士忌
酒精浓度40%
容量700毫升

政府公认的第一号单一麦芽威士忌 从创业起就不曾改变的传统风味

英国政府公认的第一家蒸馏酒厂，便是乔治·史密斯自1824年创立的格兰利维特威士忌蒸馏酒厂。在同一个地区也有其他被冠以这个地名的苏格兰威士忌，这是延续至今的传统习惯。但是只有这款的瓶身才可以冠上“THE”这个字，这是经过政府公认的。酒中充满了果香及花香味的12年是政府公认的第一号持续酿造的基本款。酿酒师傅们的熟练技术、不曾改变过的传统制造方法以及严格挑选的大麦和天然水，共同造就了格兰利维特在威士忌领域不可动摇的地位。

格兰利维特12年苏格兰单一麦芽威士忌
酒精浓度40%
容量700毫升

主要产品

格兰利维特15年法国橡木桶经典陈酿 / 酒精浓度40%/ 容量700毫升
格兰利维特18年苏格兰单一麦芽威士忌 / 酒精浓度43%/ 容量700毫升
格兰利维特原酒 / 酒精浓度55% ～60%/ 容量700毫升
格兰利维特21年政府公认威士忌 / 酒精浓度43%/ 容量700毫升
格兰利维特25年苏格兰单一麦芽威士忌 / 酒精浓度43%/ 容量700毫升

斯佩赛最古老的蒸馏酒厂的佳作
起瓦士的核心基酒

芝华士威士忌
酒精浓度43%
容量700毫升

1786年成立的芝华士威士忌蒸馏酒厂，是斯佩赛现存最古老的蒸馏酒厂。芝华士作为起瓦士（P67）的麦芽原酒非常著名。在被纳入西格拉姆公司旗下的时候改了名，以前的名称是米尔敦蒸馏酒厂。这个名称的意思是“艾拉河流过的广阔山谷”。虽然在市面上的流通量不多，但是这款单一麦芽威士忌是利用橡木桶熟成的，并且其具有宛如坚果一般的风味，也算是调和比例极佳的佳作。它可以让人感受到斯佩赛特有的果实与花香，所以在威士忌领域的评价甚高。

坚持采用直火加热与雪莉酒桶熟成
持续150年的家庭经营蒸馏酒厂

格兰花格蒸馏酒厂坐落于斯佩赛的本旅尼斯山的山脚下，地处涌动着高山融雪的幽静丘陵上。顾名思义，格兰花格在盖尔语中的意思是“生长着茂密绿草的山谷”。1836年，格兰特家族创立了这个蒸馏酒厂，并在1865年之前一直都拥有它的经营权。目前，由家族经营的蒸馏酒厂已经并不多见，格兰花格蒸馏酒厂即是其中之一。该厂从创立以来就一直采用直火加热蒸馏法与雪莉酒桶熟成法，且只生产单一麦芽威士忌，数十年如一日，其生产出来的产品品项全面，具有扎实、甘醇、浓郁的风味。所有的产品都被冠上了格兰花格的名字。

格兰花格10年苏格兰单一麦芽威士忌
酒精浓度40%
容量700毫升

主要产品

格兰花格12年苏格兰单一麦芽威士忌 / 酒精浓度43%/ 容量700毫升
格兰花格15年苏格兰单一麦芽威士忌 / 酒精浓度46%/ 容量700毫升
格兰花格17年苏格兰单一麦芽威士忌 / 酒精浓度43%/ 容量700毫升
格兰花格21年苏格兰单一麦芽威士忌 / 酒精浓度43%/ 容量700毫升

CRAGGANMORE

克莱根摩

威士忌 苏格兰威士忌 单一麦芽威士忌 斯佩赛

由形状特殊的蒸馏器孕育而生 风味温和又浓郁的斯佩赛威士忌

克莱根摩12年苏格兰单一麦芽威士忌
酒精浓度49%
容量700毫升

克莱根摩蒸馏酒厂坐落于分布着众多蒸馏酒厂的斯佩河中游，名称取自附近的丘陵，在盖尔语里的意思是“坐拥着突出巨岩的丘陵”。1869年，约翰·史密斯创立了克莱根摩蒸馏酒厂，并采用形状特殊的单式蒸馏器，以保留其独特的风味。这种方式被沿用至今。虽然有烟熏风味在内，但因其二次蒸馏器（Spirit Still）的头部是平的，所以可以将蒸气中的杂质再次浓缩，创造出既细致又浓郁的麦芽风味，故跟圆润的口感搭配在一起一点也不违和，反倒显得非常巧妙，甚至是天衣无缝。该厂生产的老帕尔威士忌（P72）的麦芽原酒也很有名。

主要产品

克莱根摩蒸馏者精选威士忌
酒精浓度40%
容量700毫升

融合了斯佩赛的华丽风格
一路支持“白马牌”的原酒

经历过草创初期的许多苦难，格兰爱琴蒸馏酒厂终于在1899年成立了。虽然艰辛，但是却一路坚持其品质，经过一段时间后，终于成为有名的调和式威士忌“白马牌”的原酒，可谓不负众望。格兰爱琴在1977年推出的单一麦芽威士忌，其温和圆润的口感与蜂蜜般的甘甜、绝佳的比例都充分地表现出了斯佩赛麦芽威士忌的特色，在威士忌爱好者之间素有“典藏了太久的美妙麦芽威士忌”的美誉。

格兰爱琴12年苏格兰单一麦芽威士忌
酒精浓度43%
容量700毫升

小常识

格兰爱琴的旧瓶身上描绘着大大的“白马”商标。20世纪70年代推出的旧瓶装版很受欢迎，价位也跟着水涨船高。

KNOCKANDO

洛坎多

威士忌 苏格兰威士忌 单一麦芽威士忌 斯佩赛

斯佩河中游细致的个性派
送上熟成的"当季美味"

洛坎多12年苏格兰单一麦芽威士忌
酒精浓度43%
容量700毫升

洛坎多蒸馏酒厂创立于1898年，位于斯佩河中游，在盖尔语中有"黑色小山丘"的意思。洛坎多威士忌的风味非常细致，清新淡雅的草炭香与橡木桶香的淡淡口感非常轻盈，感觉不到强烈的个性。它低调而又不可忽视地存在于充满了各种华丽名酒的斯佩赛威士忌中，说它低调，倒不如说是它特有的个性。洛坎多蒸馏酒厂只挑选已经达到熟成顶点的威士忌出货，可见其对装瓶的时机非常讲究。因此，记载蒸馏年份这点就受到了万分的瞩目，可以留意一下，在市面上流通的瓶身上都会记载熟成的年份。

主要产品

洛坎多慢熟成单一麦芽威士忌18年
酒精浓度43%
容量700毫升
洛坎多慢熟成单一麦芽威士忌21年
酒精浓度46%
容量700毫升
※ 由于不是主力产品，所以橡木桶或年代可能有变。

坚持用橡木桶熟成创造出丰富的个性

1898年，本利亚克蒸馏酒厂在斯佩赛的爱琴区建立，在历经几次面临歇业的危机后，总算是挺了过来，并终于在1994年推出了单一麦芽威士忌，而在这之前，它只酿造用于起瓦士等调和式威士忌的原酒。2004年以来，本利亚克蒸馏酒厂开始致力于将单一麦芽威士忌产品化，推出了重口味的草炭型及使用波特酒桶或马黛拉酒桶熟成的个性十足的商品。威士忌专业爱好者给出高度评价的12年雪莉桶是一款整个制造过程都在雪莉酒桶里熟成的大手笔、华丽又强劲的威士忌。

本利亚克雪莉桶12年苏格兰单一麦芽威士忌
酒精浓度46%
容量700毫升

主要产品

本利亚克12年苏格兰单一麦芽威士忌
酒精浓度43%
容量700毫升
本利亚克16年苏格兰单一麦芽威士忌
酒精浓度43%
容量700毫升
本利亚克惊奇草炭10年苏格兰单一麦芽威士忌
酒精浓度46%
容量700毫升

盆地及坎贝尔镇

Lowland & Campbeltown

仍保留着3家蒸馏酒厂的盆地

如今已衰退的盆地地区位于苏格兰的南部，在过去曾经有数十座蒸馏酒厂。据说其衰退的原因是当时的政府规定，在英格兰附近不允许私酿。蒸馏酒厂为了支付高额的酒税而不得不大量生产，便导致了品质的大大滑落。如今为了与高原地区抗衡，这里还在运作的3家蒸馏酒厂——欧肯特轩、布莱德纳克和格兰昆尼，它们承袭了盆地的3次传统蒸馏法，致力于谷物威士忌的酿造，其中又以欧肯特轩蒸馏酒厂最有名。

过去曾经名满天下的坎贝尔镇

坎贝尔镇坐落在高原地区西侧的金泰尔半岛的最前端，在纬度上属于盆地，旁边就是爱伦岛。坎贝尔镇的地理位置十分微妙，这里曾是苏格兰威士忌的中心地带，曾有30多家蒸馏酒厂在此落户。顺便提一下，日果威士忌股份有限公司的创立者竹鹤政孝也曾经在这里学习过。当年虽然有大量的坎贝尔威士忌输出到美国，但因为大量生产而导致的品质滑落也使其声名一落千丈，大多都无法逃脱倒闭的命运。如今，除了代表性的云顶外，也只剩下格兰斯考帝亚和在2004年重新营业的葛兰盖尔，仅剩3家蒸馏酒厂尚在运营当中。

严守3次蒸馏的传统工艺酿造的盆地麦芽威士忌佳酿

地理优势绝佳的欧肯特轩蒸馏酒厂创办于1823年，距离格拉斯哥约10千米。截至目前已经换过5任老板了，现任的老板是第六代。欧肯特轩在盖尔语中是“原野的一角”的意思。虽然换过数位老板，但该厂采用盆地麦芽威士忌3次蒸馏的传统酿造方法却从未改变。

欧肯特轩以酿造出酒精浓度相当高的清澈原酒为宗旨。其中，散发着柑橘系及坚果的香气、余韵十分清爽的12年威士忌是它的主打产品之一。另外，具有奶油糖般浓郁芬芳的3桶威士忌也是非常出色的。

欧肯特轩12年苏格兰单一麦芽威士忌
酒精浓度40%
容量700毫升

主要产品

欧肯特轩古典苏格兰单一麦芽威士忌
酒精浓度40%
容量700毫升

欧肯特轩三桶苏格兰单一麦芽威士忌
酒精浓度43%
容量700毫升

GLENKINCHIE

格兰昆尼

盆地最具代表性的蒸馏酒厂孕育而成
温和柔顺的爱丁堡麦芽威士忌

格兰昆尼12年苏格兰单一麦芽威士忌
酒精浓度43%
容量700毫升

创建于1837年的格兰昆尼蒸馏酒厂建在丘陵上。从苏格兰的首都爱丁堡往东南方约24千米即可到达。据说是因为其所处之处适合栽培大麦，所以即使在那个许多盆地的蒸馏酒厂都面临倒闭命运的不景气时代，此处的蒸馏酒厂也还是能存活下来。因生产出来的威士忌具有干草及朴素的花香味，甘醇圆润，风味十分清爽细致，故被称为“爱丁堡麦芽威士忌”。这种威士忌在各种场合都可以饮用，也可以在餐前或餐后用来搭配各式各样的美食。

主要产品

格兰昆尼蒸馏者精选（双桶）苏格兰单一麦芽威士忌
酒精浓度43%
容量700毫升
格兰昆尼20年（限量版）苏格兰单一麦芽威士忌
酒精浓度55.1%
容量700毫升

足以代表坎贝尔镇3种传统的单一麦芽威士忌

云顶蒸馏酒厂建在非常著名的坎贝尔镇上。1900年初，坎贝尔镇还有30多家蒸馏酒厂，如今就只剩下3家还坚守着传统的酿造工艺。云顶蒸馏酒厂就是其中的1家。在云顶蒸馏酒厂里，酿造着3种不同风味但却都具有坎贝尔镇麦芽威士忌特有的咸味的单一麦芽威士忌。云顶对商品的制作过程把控相当讲究，整个酿造过程都在工厂内进行。如将草炭烧到一定程度后再经过2次半蒸馏，才会形成香气四溢的威士忌；不使用草炭，经过3次蒸馏，便成了风味相当滑顺绵密的赫佐本；而用重草炭进行2次蒸馏，则可酿出充满烟熏味的朗格罗。

云顶10年苏格兰单一麦芽威士忌
酒精浓度46%
容量700毫升

主要产品

云顶18年苏格兰单一麦芽威士忌
酒精浓度46%
容量700毫升
朗格罗CV苏格兰单一麦芽威士忌
酒精浓度46%
容量700毫升

岛屿区
Islands

诞生在5座岛上、各具个性的麦芽威士忌

位于高原地区西北方的奥克尼群岛、斯凯岛、马尔岛、吉拉岛、爱伦岛合称为岛屿区。每座岛上都有1～2家蒸馏酒厂，这些蒸馏酒厂在严峻的气候风土中酿造出了个性十足的麦芽威士忌。

奥克尼群岛……[高原骑士]位于世界最北端的蒸馏酒厂，采取传说中的铺地发芽的酿造方式。[斯卡帕]其特别之处在于使用上面呈圆筒状的罗门式蒸馏器进行蒸馏。

斯凯岛……[泰斯卡]因深受《金银岛》的作者史蒂文森喜爱而闻名。在7个政府公认的蒸馏酒厂中，它也是唯一存活至今的蒸馏酒厂。

马尔岛……[特伯玛丽]在至少停业10年之后，于1993年重新开工，生产的是一款洋溢着岛屿区特有草炭味的麦芽威士忌。

吉拉岛……[吉拉]优质的水源与丰富的草炭使这里成为最适合酿造威士忌的地方。岛上的蒸馏酒厂创立于1810年，不过在1502年就已经有进行威士忌酿造的记录了。

爱伦岛……[爱伦]曾有过一段百花开放的繁荣时期，当时岛上的蒸馏酒厂已经开到了50家。如今，这些蒸馏酒厂大多已经衰退，但于1995年新设的蒸馏酒厂却因为时隔160年而备受瞩目。

足以跟最高级的干邑白兰地媲美的奥克尼群岛珍宝

高原骑士蒸馏酒厂坐落于奥克尼群岛主岛的最北边，相传是由传说中的私酿家麦格那斯·尤森于1798年创立的。1883年，高原骑士威士忌在丹麦国王与俄罗斯帝国皇帝联袂出席的豪华客轮宴会中得到了“北方巨人”的盛赞，从而一举打响了名号。在酿造时，高原骑士威士忌采用了传统的铺地发芽法，而岛上珍贵的草炭（在地底下沉睡了8000～16000年）也为其提供了一股独特的烟熏香味和充分熟成的甘醇芬芳，二者共同造就了这别具一格的特殊风味。所以也有人认为高原骑士是足以跟最高级的干邑白兰地媲美的威士忌。

高原骑士12年苏格兰单一麦芽威士忌
酒精浓度43%
容量750毫升

主要产品

高原骑士18年苏格兰单一麦芽威士忌
酒精浓度43%
容量750毫升
高原骑士25年苏格兰单一麦芽威士忌
酒精浓度48.1%
容量750毫升
高原骑士30年苏格兰单一麦芽威士忌
酒精浓度48.1%
容量750毫升

The Arran

爱伦

威士忌 苏格兰威士忌 单一麦芽威士忌 岛屿区

丰沛的大自然诞生出的令人悠然神往的爱伦岛麦芽威士忌

爱伦10年苏格兰单一麦芽威士忌
酒精浓度46%
容量700毫升

爱伦蒸馏酒厂创立于1995年，坐落在苏格兰最美丽的爱伦岛上，地处水源丰沛的洛克兰沙。爱伦威士忌以不使用草炭加熟的大麦麦芽为原料，利用2座小型的蒸馏器，细心酿造而成，保留了麦芽原本的自然甘甜与香气，而且由于重新承袭了传统的制造方法，再加上岛屿区麦芽威士忌的潮汐风味做点缀，所以具有特别珍贵的地位。自2004年起，爱伦蒸馏酒厂也开始生产少量的调和式威士忌及限定商品重草炭威士忌。曾荣获国际葡萄酒暨烈酒竞赛等无数的奖项。

主要产品

爱伦14年苏格兰单一麦芽威士忌
酒精浓度46%
容量700毫升
重草炭限量款
酒精浓度46%
容量700毫升

顶级的橡木桶加入复杂的风味
温柔的麦芽威士忌

吉拉蒸馏酒厂位于苏格兰西岸，创立于1810年。隔着海峡与艾雷岛接壤的吉拉岛，由于岛上野生鹿的数量远多于人类，故被人们称为朴素的“鹿岛”。自古以来，吉拉蒸馏酒厂就凭借这里干净纯洁的空气、优质清透的水源与丰富的草炭进行威士忌的酿造。它的单一麦芽威士忌是从无草炭及重草炭这两种麦芽威士忌中蒸馏出来的，在吉拉纯麦威士忌原本的流畅风味中加入浓郁的香气，使用初次充填的波本酒桶与长期熟成的雪莉酒桶，从而酝酿出温和顺口的口感。

吉拉10年苏格兰单一麦芽威士忌
酒精浓度40%
容量700毫升

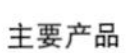

主要产品

吉拉16年苏格兰单一麦芽威士忌
酒精浓度40%
容量700毫升
吉拉预言苏格兰单一麦芽威士忌
酒精浓度46%
容量700毫升

奥克尼的个性派麦芽威士忌

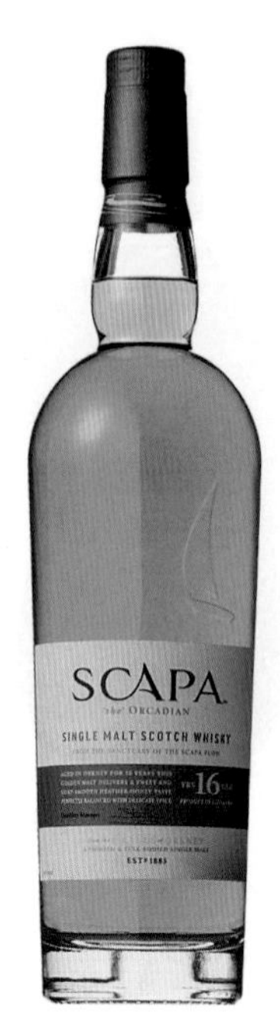

斯卡帕16年苏格兰单一麦芽威士忌
酒精浓度49%
容量700毫升

创立于1885年的斯卡帕蒸馏酒厂正对着奥克尼群岛主岛的斯卡帕湾。这栋建筑物由于在第一次世界大战时被作为英国海军将校的军营使用，所以在历史上又被视为珍贵的海军遗迹。斯卡帕蒸馏酒厂在酿造威士忌时有其独特的风格，如使用不经草炭加热的大麦麦芽以及罗门式蒸馏器蒸馏等，这也是让它的产品名扬世界的主要原因。像16年的风味甘醇香甜，平衡感拿捏得很好。此外还具有非常独特的大海的风味，很符合斯卡帕在北部方言里“贝床”的意思。其生产的一部分原酒也被用来作为百龄坛（P66）的原酒。

由严峻的海洋气候淬炼而成 斯凯岛独有的劲道十足的麦芽威士忌

1830年，在生产岛屿区威士忌的群岛中最大的岛——斯凯岛的西岸，创建了唯一的蒸馏酒厂——泰斯卡。泰斯卡在盖尔语里的意思是“倾斜的巨石”。

斯凯岛也被称为“雾岛”。在容易肆虐的海洋性气候影响下，这里形成了一大片不毛的荒地，所以自然环境十分恶劣。泰斯卡蒸馏酒厂酿造出了金光闪闪、充满了海潮的香味与咸味的麦芽威士忌。其强而有力的个性以及在舌尖上爆发的刺激，还有在一阵热辣后深深地残留在喉咙里的烟熏余韵，吸引了不少威士忌爱好者。

泰斯卡10年苏格兰单一麦芽威士忌
酒精浓度45.8%
容量700毫升

主要产品

泰斯卡18年苏格兰单一麦芽威士忌/酒精浓度45.8%/容量700毫升
泰斯卡25年桶装强度4(限量版)/酒精浓度57.8%/容量700毫升
泰斯卡蒸馏者精选威士忌/酒精浓度45.8%/容量700毫升

艾雷岛

Islay

艾雷岛的特色是海潮与草炭的混合香味

艾雷岛坐落于苏格兰的西岸海湾、赫布里底群岛的最南端，而岛上几乎所有的蒸馏酒厂都建在海边。因为草炭开采方便，所以在使用时也毫不吝惜，这就使得酿造出来的麦芽威士忌带有十分强烈又带点烟熏味道的草炭香。在草炭熟成的时候，还会融入海潮及海藻之类的香味，因此会散发出海风独有的咸味。近年来，充满草炭香味的麦芽威士忌在世界各地大放异彩。而其独特的风味也成了调和式威士忌不可或缺的亮点之一。总之，艾雷威士忌的地位不容小觑。

相比南部较强烈的特点，北部则是比较温和的风味

岛上的8家蒸馏酒厂各具特色，但也可以归为几类。位于南部的卡尔里拉、拉贝、乐加维林、拉弗格的风味是内行人喜欢的比较强烈的草炭香；北部的布纳哈布和布鲁莱迪的风味则是容易入口、比较淡的草炭味。波摩是艾雷岛上最早的蒸馏酒厂，风味介于南部与北部之间，即使是第一次接触威士忌的人也比较容易接受。2005年成立的齐侯门是唯一坐落于内陆的酒厂，距离海边大约1千米，其生产的威士忌个性十足，草炭香味强烈，今后很值得期待。

草炭香味明显的强烈个性席卷了全球的品酒爱好者

阿贝蒸馏酒厂是建于1815年的小型蒸馏酒厂，在盖尔语中是“迷你岬角”的意思，而它的位置就在艾雷岛东南岸的海边。在经历了1981年关厂，而后又在粉丝们强烈的声援下再度复活，可以说阿贝蒸馏酒厂也书写了一段传奇。起初，再生产的规模非常小，直到1998年，才开始正式运作。其推出了用雪莉酒桶熟成的甘甜的呜嘎嗲和草炭味比较淡的轻草炭风味威士忌。而更负盛名的是利用波本酒桶熟成的香气十分刺激、烟熏味也十分重的招牌10年。

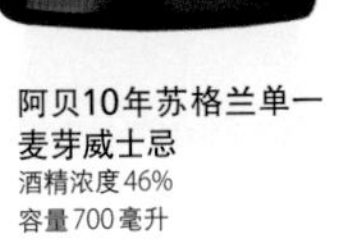

阿贝10年苏格兰单一麦芽威士忌
酒精浓度46%
容量700毫升

主要产品

阿贝呜嘎嗲苏格兰单一麦芽威士忌
酒精浓度54.2%
容量700毫升

BOWMORE

波摩

由艾雷岛最古老的传统孕育而成 拥有绝佳比例的“最后的酒”

波摩12年苏格兰单一麦芽威士忌
酒精浓度40%
容量700毫升

艾雷岛上最古老的蒸馏酒厂是1779年由当地的商人大卫·辛普贤森创立的波摩蒸馏酒厂。波摩在盖尔语里的意思是“巨大的岩盘”。波摩蒸馏酒厂恪守铺地发芽的传统制造方法，并将封存于橡木桶里的原酒放在海拔0米、有海风吹拂着的仓库里熟成。在拥有强烈个性的艾雷麦芽威士忌中，波摩威士忌算是草炭味比较适中的，容易入口，即使是第一次尝试的人也可以接受。复杂精湛的制造工艺加上温和的口感，让威士忌的行家称其为“最后的酒”。

主要产品

波摩15年达克斯威士忌
酒精浓度43%
容量700毫升
波摩18年苏格兰单一麦芽威士忌
酒精浓度43%
容量700毫升

甘甜芳香的艾雷麦芽威士忌很适合威士忌新手

布拿哈本是“河口”的意思，被称为最不像艾雷酒的艾雷酒，并因此而闻名。布拿哈本蒸馏酒厂创建于1881年，隔着艾雷海峡与吉拉岛遥遥相望。这种艾雷酒可作为顺风（P68）或威雀（P70）等的原酒。由于采用未流经草炭层的水来酿造，而且在制造时也几乎没有焚烧到草炭，故拥有花一般的甘甜芳香及轻盈飒爽的口感，却没有草炭味或烟熏感。其在美国的知名度也很高。

本拿哈布12年苏格兰单一麦芽威士忌
酒精浓度46.3%
容量700毫升

BRUICHLADDICH
布鲁莱迪

原汁原味的设备及手法复活后在海边手工酿造的艾雷威士忌

布鲁莱迪第二版15年单一麦芽威士忌
酒精浓度46%
容量700毫升

布鲁莱迪蒸馏酒厂创立于1881年，坐落于艾雷岛上，面对中央湾。在盖尔语中，布鲁莱迪是“海边山丘的斜坡”的意思。1994年，该厂曾一度关厂，直到2001年，才在新老板的手中再次运营起来。重新成立的布鲁莱迪蒸馏酒厂继续沿用以前的设备和独特的威士忌酿造方法，即采用颈口细长的罗门式蒸馏器进行威士忌的酿造。就艾雷酒来说，用这种方法酿造出来的麦芽威士忌没有那么强烈的个性，口感轻盈，比较容易入口，既精细又优雅。近年来，该厂的品类不断丰富，可以满足不同消费者的不同需求。

主要产品

布鲁莱迪滚石版单一麦芽威士忌
酒精浓度46%
容量700毫升
布鲁莱迪草炭版单一麦芽威士忌
酒精浓度46%
容量700毫升

融入大海香气的复杂内敛的烟熏风味

卡尔里拉蒸馏酒厂创立于1846年，坐落于面对海峡的美丽海岸上。在盖尔语中，卡尔里拉就是“艾雷海峡”的意思。自创立以来，就一直采用南蛮湖的湖水作为酿酒的水，而冷却水则引用海水。1974年，卡尔里拉蒸馏酒厂进行了现代化改造，但为了保持其独特的风味，还是保留了以前的建筑物和蒸馏器。卡尔里拉原酒的特点是草炭味和酒精浓度都很强烈，因此在艾雷酒中也是较受内行人青睐的品牌。而12年的卡尔里拉威士忌，除了具有浓郁的烟熏风味外，还能从中感受到大海的香气及果香，其复杂的味觉层次非常诱人。

卡尔里拉12年苏格兰单一麦芽威士忌
酒精浓度43%
容量700毫升

主要产品

卡尔里拉原酒
酒精浓度61.6%
容量700毫升
卡尔里拉蒸馏者精选
酒精浓度43%
容量700毫升

打开艾雷岛知名度的“麦芽巨人”

拉加维林16年苏格兰单一麦芽威士忌
酒精浓度43%
容量700毫升

拉加维林创立于1816年，坐落在艾雷岛的南岸。在盖尔语中，拉加维林的意思是“有水车小屋的洼地”，也是村子的名称。村如其名，拉加维林村至今仍保留着水车小屋的碾麦臼石。在艾雷酒中，拉加维林威士忌算是草炭味比较强烈的。而将艾雷岛的知名度彻底打开并推广到全世界的杰作是16年的拉加维林，其融合了草炭、海藻、木头、水果的复杂香味和让人流连忘返的高雅余韵，实在是让人不得不交口称赞。

主要产品

拉加维林12年苏格兰单一麦芽威士忌(限量版)
酒精浓度57.7%
容量700毫升

强烈的海潮香气与草炭味交相辉映
享誉世界的艾雷酒之王

拉弗格蒸馏酒厂是唐纳德·约翰斯顿在1815年创立的，坐落于艾雷岛南部。在盖尔语中，拉弗格意为“辽阔港湾的美丽洼地”。该厂创立之初正处在私酿的全盛时期，但其仍于1826年向政府报备。拉弗格蒸馏酒厂坚持采用铺地发芽的传统制造方法，至今也仍然如此。其生产的威士忌具有十分强烈的草炭味和独特的海潮香气，个性十足，喝过后仍余韵犹存，而且会让人联想到海藻。拉弗格威士忌在世界各地都有忠实的粉丝，其中包括查尔斯王子。可以说是艾雷麦芽威士忌中真正的“王者”。

拉弗格10年苏格兰单一麦芽威士忌
酒精浓度43%
容量750毫升

主要产品

拉弗格18年苏格兰单一麦芽威士忌
酒精浓度48%
容量700毫升
拉弗格10年原酒
酒精浓度58%
容量700毫升
拉弗格四分之一桶苏格兰威士忌
酒精浓度48%
容量700毫升

——全新展开的艾雷酒世界——

阔别124年的蒸馏酒厂
KILCHOMAN
齐侯门

齐侯门蒸馏酒厂创立于2005年，是艾雷岛上“最西端的蒸馏酒厂”，也是“离海最远的蒸馏酒厂”。此外，齐侯门蒸馏酒厂还是124年以来艾雷岛上的第一家新厂。它有自己的农场，因此可以用自家生产的大麦作为酿造威士忌的原料。其一整年的产量只有9万升，非常稀少，但这并不影响其受瞩目的程度，因为其充满草炭香的艾雷酒风味是无可替代的。明星产品单一麦芽威士忌是在2009年问世的。

齐侯门3年Winter2010
酒精浓度46%
容量700毫升

崭新的艾雷金酒
BRUICHLADDICH THE BOTANIST
植物学家金酒

“BOTANIST”是植物学家的意思。该酒是著名的酿酒师吉姆·麦克伊文在艾雷麦芽威士忌中知名的蒸馏酒厂酿造出来的。吉姆·麦克伊文早在很久之前就已经在波摩蒸馏酒厂里闯出了名号，之后又重建了布鲁莱迪蒸馏酒厂。他精心挑选22种以上艾雷岛野生的草药，并采用形状特殊的罗门式蒸馏器（P60）进行酿造，从而酝酿出香味复杂又浓郁的金酒。该酒自2011年春天开始上市。

植物学家金酒
酒精浓度46%
容量700毫升

调和式威士忌

Blended

何谓调和式威士忌

调和式威士忌便是将单一麦芽威士忌和谷物威士忌调和酿造而成的。麦芽威士忌风味浓郁，也被称为“响亮之酒”（LOUD SPIRITS）；谷物威士忌则个性随和，常被称为“沉默之酒”（SILENT SPIRITS），将两者混在一起，取得中间的平衡感，即可成就风味绝佳的调和式威士忌。

麦芽与谷物的巧妙平衡

大型的酿造工厂里一般都有专业调酒师，他们的主要工作就是负责调配威士忌。在调配时，通常以构成风味基础的麦芽原酒为主要原料，至于调配的比例，也有一个大致的标准，即麦芽威士忌占65%、谷物威士忌占35%。一般的调和式威士忌都是由几十种麦芽威士忌和几种谷物威士忌调和而成的。调配好的威士忌要封存在橡木桶里，然后继续熟成。“调和”（MARRIAGE）有结婚的意思，象征两者水乳交融，以形成更有层次的风味。

调和式威士忌有很多知名的厂牌

近年来，单一麦芽威士忌的风潮席卷全球，不过在市场消费中，还是调和式威士忌占据了绝大多数。目前在世界各地深受喜爱的知名厂牌，也是调和式威士忌占绝大多数，如起瓦士（原酒为芝华士等）、约翰走路（原酒为泰斯卡等）、百龄坛（原酒为格兰利威、拉弗格等）等。

Ballantine's

百龄坛

威士忌 苏格兰威士忌 调和式威士忌

维多利亚女王认同的调和式威士忌代表

百龄坛12年调和式威士忌
酒精浓度40%
容量700毫升

1827年，乔治·百龄坛在爱丁堡开了一家杂货店，从此开启了他的威士忌酿造事业。但直到1853年，他的调酒天分才开始慢慢被发现，并且开始成为一名优秀的调酒师。1895年，维多利亚女王将皇室御用勋章颁给了他。1938年，百龄坛蒸馏酒厂正式成立。乔治·百龄坛以精湛的技术将斯卡帕（P54）和拉弗格（P63）等各种原酒调配成优雅细致、芳香迷人的调和式威士忌，在世界各地都非常受欢迎。

主要产品

百龄坛蓝标12年调和式威士忌 / 酒精浓度40%/ 容量700毫升
百龄坛17年调和式威士忌 / 酒精浓度43%/ 容量700毫升
百龄坛21年调和式威士忌 / 酒精浓度43%/ 容量700毫升
百龄坛红玉40度调和式威士忌 / 酒精浓度40%/ 容量700毫升

风靡全球200多个国家苏格兰威士忌的象征

起瓦士于1801年在亚伯丁创立，旗下的产品都具有芳醇甘美、华丽优雅而又平衡感绝佳的特点。自其创立以来，已经生产出不少的明星产品，如素有苏格兰威士忌王子之称的12年、风味复杂又芳香甘醇的18年、数量限定的最高级苏格兰威士忌25年等。如此出众的产品当然与其代代相传、宛如艺术般的调配技术是分不开的。所以自1953年以来，起瓦士便一举跃升为象征苏格兰威士忌的高级品牌，畅销全球200多个国家及地区。

起瓦士12年调和式威士忌
酒精浓度40%
容量700毫升

主要产品

起瓦士18年调和式威士忌
酒精浓度40%
容量700毫升
起瓦士25年调和式威士忌
酒精浓度40%
容量700毫升

以历史快艇命名
一时风靡美国的清淡型苏格兰威士忌

顺风EC
酒精浓度40%
容量700毫升

顺风于1923年在伦敦诞生，其名称来自过去全世界最快的帆船——名气响亮的“顺风号”。与过去的苏格兰威士忌采用过度的焦糖着色不同，顺风威士忌是清淡型的苏格兰威士忌，这种新形态的威士忌是为了推广到当时还处在禁酒法规下的美国市场而专门打造的。一方面，颜色浅淡、风味圆润的EC，可以说是这款威士忌的原点，非常容易入口；另一方面，只采用长期熟成的高级麦芽威士忌调配的产品，其深奥的韵味也获得了极高的评价。

主要产品

顺风12年豪华瓶装 / 酒精浓度40%/ 容量700毫升
顺风18年豪华瓶装 / 酒精浓度43%/ 容量700毫升
顺风25年调和式威士忌 / 酒精浓度45.7%/ 容量700毫升
顺风麦芽威士忌 / 酒精浓度40%/ 容量700毫升

1891年轰动美国大地的完美品牌

1891年，钢铁大王安德鲁·卡内基将桶装的帝王威士忌送给了当时的美国总统班杰明·哈里森，一时轰动美国，在全美引起热议。此后，帝王威士忌在美国声名大振。在美国，只要提到苏格兰威士忌，人们就会自然而然地想到这个品牌，足见其深受美国国民的喜爱。帝王威士忌以产自高原地区、清淡爽口的艾柏迪威士忌为原酒，用40多种麦芽威士忌和谷物威士忌调配而成，色、香、味俱全，平衡感极佳。

帝王白标调和式威士忌
酒精浓度43%
容量700毫升

主要产品

帝王12年调和式威士忌
酒精浓度43%
容量700毫升
帝王18年调和式威士忌
酒精浓度43%
容量700毫升
帝王典藏调和式威士忌
酒精浓度43%
容量700毫升

以在苏格兰深受爱戴的雷鸟为酒标的苏格兰威士忌

威雀金冠苏格兰威士忌
酒精浓度43%
容量700毫升

雷鸟是苏格兰的国鸟，象征其一路守护着传统走来的自信与骄傲。“GROUSE”即是雷鸟的意思。1896年，马修·格洛格酿造出名为“威雀”的威士忌，而雷鸟便是其酒标。酒标的设计灵感源自他的女儿菲丽帕。当时，菲丽帕描绘了一只红色的雷鸟，格洛格便以其作为威雀威士忌的酒标。该酒自酿造之初就一直坚守二次熟成的酿造方法（将原酒调和后封存在橡木桶里使其熟成，封存时间大约1年左右），从而酝酿出果香四溢、圆润温和的口味。

JOHNNIE WALKER
约翰走路

苏格兰威士忌　调和式威士忌　威士忌

以“KEEP WALKING”为口号的世界第一知名品牌

1819年，14岁的约翰·沃克在基尔马诺克开了一家食材行，一段传奇便是由此开始的。调和式威士忌由第二代的亚历山大开发出来，并获得了极高的评价，由此也带动了事业的发展，呈现出突飞猛进的势头。一方面，在1909年推出的黑标继承了自创业以来就一直坚守的优良传统，采用40种麦芽与谷物调和而成，风味甘爽绵柔。而红标则在强劲与柔顺之间找到了绝佳的平衡点，让人爱不释口。另一方面，有“顶级调和式威士忌”之称的蓝标以及只用麦芽威士忌调配的绿标皆个性十足，广受好评。

约翰走路黑标12年调和式威士忌
酒精浓度40%
容量700毫升

主要产品

约翰走路红标调和式威士忌
酒精浓度40%
容量700毫升

Ord Parr

老帕尔

威士忌 苏格兰威士忌 调和式威士忌

日本首次亲密接触的苏格兰威士忌

老帕尔12年调和式威士忌
酒精浓度40%
容量750毫升

这款威士忌的名称来自活到152岁而寿终正寝的传奇人物汤玛士·帕尔，象征其圆熟与知性。它的特色也在于其柔和圆润的风味，让人不禁联想到甘甜的水果香味，即使是兑水喝，也好喝得不得了。还有一个特别之处是可以利用瓶身的角斜立着，因为尖角都被切掉了，所以很容易办到。日本明治6年，前往欧美考察的岩仓具视其为西洋文化的象征，将其带回日本，这也是日本人民见到的第一瓶苏格兰威士忌。

主要产品

老帕尔经典18年调和式威士忌
酒精浓度46%
容量750毫升
老帕尔佳酿调和式威士忌
酒精浓度43%
容量750毫升

首席调酒师创造的老字号新风味

怀特马凯（WHYTH & MACKAY）创立于1844年，其名称来自两位创始人的姓。原本就是在世界各地都广受喜爱的百年老字号。2007年，首席调酒师理查·派特森为了创造出既圆润又甘醇的风味，采用二次熟成的酿造方法，从而酿出了全新的调和式威士忌，其口感更加温和，也更加柔顺。此外，不拘泥传统年份的13年、19年、22年也都是让人耳目一新的全新产品。

怀特马凯特醇苏格兰威士忌
酒精浓度40%
容量700毫升

主要产品

怀特马凯特醇13年调和式威士忌
酒精浓度40%
容量700毫升
怀特马凯特醇19年调和式威士忌
酒精浓度40%
容量700毫升
怀特马凯特醇22年调和式威士忌
酒精浓度43%
容量700毫升

爱尔兰威士忌
Irish

爱尔兰威士忌的复兴之路

爱尔兰是举世闻名的威士忌发祥地之一。爱尔兰威士忌起源于12世纪中叶，泛指整个爱尔兰岛（包含英国领土的北爱尔兰和爱尔兰共和国）所酿造的威士忌的总称。爱尔兰对美国的威士忌输出曾一度十分活跃，但在禁酒法颁布以后，便在竞争中输给了苏格兰威士忌。在爱尔兰共和国，只剩下麦可顿、尊美醇、鲍尔斯这3家以整合的形式继续存在着，并于1975年建立了新的麦可顿蒸馏酒厂，其他爱尔兰本土的蒸馏酒厂几乎都消失了。在很长的一段时间内，爱尔兰岛上的蒸馏酒厂就只有这一家和北爱尔兰的布什米尔。直到1987年，才又新设了库利蒸馏酒厂，但自1992年才开始推出新产品。爱尔兰威士忌的复兴之路就是在这3家蒸馏酒厂的带动下向前推进的。

爱尔兰威士忌的特点

爱尔兰威士忌主要分成以下4大类：1. 单式蒸馏器威士忌（由大麦麦芽及未发芽的大麦或燕麦等组合酿造而成）；2. 单一麦芽威士忌（只采用大麦麦芽进行酿造）；3. 谷物威士忌（以玉米为原料进行酿造）；4. 调和式威士忌（由麦芽原酒与谷物原酒调和而成）。爱尔兰威士忌与苏格兰威士忌最大的不同有两点：1. 不使用草炭；2. 以单式蒸馏器进行3次蒸馏。如此酿出的爱尔兰威士忌具有杂味少、口感柔和、风味甘醇的特点。不过近年来已经没有这两点限制了，因此爱尔兰威士忌也慢慢创造出了各种不同的新口味。

历史悠久的蒸馏酒厂里孕育出的绝佳风味

1608年，北爱尔兰安特里姆郡的领主接受了英格兰国王詹姆士一世的蒸馏许可，从而成就了今天世界上最古老的威士忌蒸馏区。布什米尔蒸馏酒厂就诞生在这片光荣的土地上，其名称源自位于海岸线上的小镇，是北爱尔兰现役的蒸馏酒厂中历史最悠久的。布什米尔威士忌采用没有经过草炭烟熏的大麦麦芽，进行传统的3次蒸馏，不仅没有烟熏味，而且还会散发出圆润温和的水果香味。

布什米尔麦芽威士忌
酒精浓度40%
容量700毫升

主要产品

布什米尔10年麦芽威士忌
酒精浓度40%
容量700毫升
布什米尔16年麦芽威士忌
酒精浓度40%
容量700毫升
布什米尔黑布什麦芽威士忌
酒精浓度40%
容量700毫升

3次蒸馏酿造出的顺畅风味 享誉全球的清爽型爱尔兰威士忌

创立于1780年的尊美醇是举世闻名的爱尔兰威士忌的顶尖厂牌。该厂曾以单式蒸馏器酿造出浓郁的威士忌，从而在业界小有名气。但真正为其打开知名度的是自1974年开始酿造的清爽型谷物调和式威士忌。现在则是在爱尔兰南部的麦可顿蒸馏酒厂（P78）进行酿造，采用在密闭炉中干燥的大麦为原料，不使用草炭，并利用3次蒸馏的方法酿制。其特色在于香味丰富、口感轻盈、风味甘醇且品质稳定。

尊美醇威士忌
酒精浓度40%
容量700毫升

主要产品

尊美醇12年特别储藏版
酒精浓度40%
容量700毫升

尊美醇18年爱尔兰威士忌
酒精浓度40%
容量700毫升

大麦的风味圆润温和
爱尔兰威士忌的第二品牌

图拉多于1829年由麦可·莫洛伊创立，其名称源自爱尔兰中部的同名城市。目前在麦可顿蒸馏酒厂里生产制造。在丹尼尔·E. 威廉斯经营的时候，他会在名称中加上自己名字的第一个字母：Dew（意为露水）。这是最早使用在爱尔兰咖啡里的威士忌。圆润温和的大麦风味是其最大的特色，而且在其中还可以感受到些许的柠檬香气。12年的是用雪莉酒桶和波本酒桶熟成的。

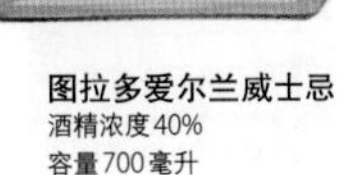

图拉多爱尔兰威士忌
酒精浓度40%
容量700毫升

主要产品

图拉多12年爱尔兰威士忌
酒精浓度40%
容量700毫升

全球最大蒸馏器酿造出的有制造编号的限量商品

麦可顿非常稀有纯麦威士忌
酒精浓度40%
容量700毫升

麦可顿蒸馏酒厂由默菲兄弟在1825年创立，位于距爱尔兰南部的科克约21千米的地方。1966年与尊美醇、鲍尔斯合并，并在1975年建成拥有全球最大的蒸馏器的新蒸馏酒厂。目前，该厂是爱尔兰唯一一家利用传统单式蒸馏器酿造威士忌的蒸馏酒厂。麦可顿蒸馏酒厂的杰作是限量发售的纯麦威士忌，严选12～20多年的原酒制作而成，上面印有首席蒸馏者的签名和制造编号。

小常识

麦可顿蒸馏酒厂还酿造着许多种威士忌，如在日本颇负盛名的尊美醇（P76）、图拉多（P77）以及在爱尔兰很受欢迎的约翰鲍尔等。

诞生于爱尔兰第三大蒸馏酒厂
充满了草炭味的复制版爱尔兰威士忌

库利蒸馏酒厂由约翰·提灵在1987年设立，是爱尔兰唯一一家独资的蒸馏酒厂。康尼马拉即诞生于此。自1992年起，约翰·提灵开始致力于让过去一些具有代表性的品牌复活，所以人们将其称为“爱尔兰威士忌的革命家”。康尼马拉威士忌颜色较浅，具有类似苏格兰威士忌的烟熏风味，就像是充满了草炭味的爱尔兰威士忌的复制版，是深受大众喜爱的一款。

康尼马拉单一麦芽威士忌
酒精浓度40%
容量700毫升

主要产品

康尼马拉原酒
酒精浓度60%
容量700毫升
*每批产品的酒精浓度都不一样

康尼马拉12年爱尔兰威士忌
酒精浓度40%
容量700毫升

美国威士忌
American

以玉米为主要原料的波本威士忌是其代表

说到美国威士忌的代表，自然是波本威士忌无疑。其产量占了美国威士忌总产量的一半，其受到欢迎的程度由此可见一斑。波本威士忌采用51%～79.99%的玉米作为主要原料酿制。如果再将其放置2年以上，便成了纯粹波本威士忌（STRAIGHT BOURBON WHISKEY）。此外，如果采用80%以上的玉米作为主要原料，则可称为玉米威士忌。同样，如果分别采用了51%以上的裸麦、大麦麦芽、小麦等作为原料，则可定义为裸麦威士忌、麦芽威士忌、小麦威士忌等。

起源自肯塔基州的波本郡

波本威士忌的名称来自于法国的波旁王朝。这是因为法国国王路易十六在独立战争时曾经站在美国这边，故而将肯塔基州的一个郡命名为波本。1789年，住在波本郡的牧师以利亚·克雷格用玉米酿出了威士忌，这便是波本威士忌。美利坚合众国成立之后，各地的蒸馏业者们为了躲避政府的课税而搬迁到肯塔基，他们纷纷仿效克雷格的酿造方法，而波本威士忌也因此流传开来。

烧焦的橡木桶创造出的波本风味

酿造波本威士忌有一项特别的规定，即“一定要把白橡木的新桶烧焦之后冉用”，也就是用内侧烧焦的橡木桶熟成，这也是波本威士忌最大的特征。之所以要这样做，是因为烧焦的木头的颜色及香味可以产生独特的波本威士忌风味。而且用过的橡木桶还可以再利用，对苏格兰威士忌的熟成非常有益。此外，还有“绝不能在原酒里加入水以外的东西”等几个规定。而最适合用来酿造的水据说是从肯塔基的石灰岩中涌出的石灰水。

田纳西威士忌

在田纳西州酿造的威士忌被称为田纳西威士忌。其采用的原料和蒸馏方法都跟波本威士忌相同，在蒸馏后用糖枫的木炭过滤，再以橡木桶熟成。其代表品牌为杰克丹尼，是最早确立这种酿造方法的。

ELIJAH CRAIG
钱柜

素有“波本威士忌之父”美名的独特佳酿

钱柜12年威士忌
酒精浓度47%
容量750毫升

关于第一桶波本威士忌的来源，有这样一个故事。在肯塔基的开荒时代，克雷格牧师不小心将用玉米酿造的威士忌放在了内侧烧焦的橡木桶里，并且忘了取出来。大概过了三四年后，他偶然打开橡木桶，芳香甘醇的香气马上扑面而来，红宝石般的液体让其眼前一亮。虽然是无心的收获，但是其制作工艺却被钱柜威士忌细心地延续下来，酝酿出甘甜浓醇的风味和香气，这也为它获得了极高的评价。带点艳红的色泽是12年的特征，与最初的波本威士忌很像。而长期熟成的则是18年，在波本威士忌中属于数量比较少的。

主要产品

钱柜18年威士忌
酒精浓度45%
容量750毫升

承载着产生波本威士忌的传说
号称“SINCE1783”酒标的元祖

伊凡·威廉和“波本威士忌之父”以利亚·克雷格牧师有着一样的美誉，他们在同一个时期孕育出了波本威士忌。据说他在1783年的时候以玉米为原料，并选取从石炭岩层里面渗出的水作为酿酒的水，酿出了波本威士忌。伊凡威廉威士忌有各种不同风味的品类可供选择，如口感直接的标准型黑标，酒精浓度较高、有点刺激味道的12年威士忌，年份较久的单桶等。以这个名字命名的还有肯塔基纯粹波本威士忌。

伊凡威廉黑标威士忌
酒精浓度43%
容量750毫升

主要产品

伊凡威廉12年威士忌
酒精浓度50.5%
容量750毫升
伊凡威廉单桶威士忌
酒精浓度43.3%
容量750毫升
伊凡威廉23年威士忌
酒精浓度53.3%
容量750毫升

“独一无二”的个性派单桶波本威士忌

布兰登威士忌
酒精浓度46.5%
容量750毫升

布兰登的名称来自于酿造波本威士忌的名人——艾伯特·布兰登。1984年，为了纪念肯塔基的州都法兰克福市成立200周年，布兰登威士忌诞生了。瓶盖上印有骑着肯塔基赛马的骑士是为了表达对开荒者的敬意。不同图案的盖子有8种，再结合圆形的瓶身，让这种酒从外观上就充满了个性，相当的独特。单桶波本威士忌是将长期熟成的原酒从一个桶里倒出来装瓶的威士忌。威士忌爱好者因其甘醇浓郁的风味而为其神魂颠倒。

主要产品

布兰登黑标威士忌
酒精浓度40%
容量750毫升
布兰登金牌威士忌
酒精浓度51.5%
容量750毫升

多次在万国博览会获得金奖 走都会高端路线的精致杰作

1877年，哈伯威士忌在德国的移民亚瑟金·伍尔夫·伯汗的手中诞生。他有一个朋友，名叫法兰克·哈伯，是赛马的主人。这款威士忌的名称就是两个人的名字缩写合成的（I.W.哈伯）。在1885年的纽奥良万国博览会等5个博览会上，它都获得了金奖，故又被称为“金牌威士忌”。其特色在于喝下去的感觉十分好，没有杂味并且风味明快爽口。被大众评为走都会高端路线的波本威士忌杰作，既精致，又充满了流行感 。熟成12年之久的是白金级波本威士忌，有着相当高的口碑。

哈伯金牌威士忌
酒精浓度40%
容量700毫升

主要产品

哈伯12年威士忌
酒精浓度43%
容量750毫升

宛如玫瑰般华丽
拥有罗曼蒂克传说的波本威士忌

四玫瑰威士忌
酒精浓度40%
容量700毫升

这种威士忌的名称是由一个罗曼蒂克的传说而来的。有一天，保罗·琼斯在舞会上遇到了一位一见倾心的南部美人，他便向她求婚了。而那位美人则在下一次舞会时，戴了一只上面有4朵玫瑰的胸花，并且接受了他的求婚。受此启发，保罗·琼斯在1888年创立了“四玫瑰”这个品牌。他精挑细选上等的玉米进行酿制，并与长期放在橡木桶里熟成的原酒调配在一起，口感非常的温婉优雅，也非常符合这个罗曼蒂克的传说。

主要产品

四玫瑰白金威士忌
酒精浓度43%
容量750毫升
四玫瑰黑标威士忌
酒精浓度40%
容量700毫升
四玫瑰单桶威士忌
酒精浓度50%
容量750毫升

跟葡萄酒一样好喝的阳光美酒

为了逃避1791年加入的威士忌的课税，农夫雅各·宝姆选择移居到肯塔基，并在1795年推出第一桶桶装威士忌。他选用经过石灰岩层过滤的毫无杂质的天然水作为酿酒用水，并采用“麦芽浆发酵法”进行发酵，使其口味与香味更加丰富，再经过4年多的熟成，就可以产生类似于葡萄酒那样圆润温和的口感。其主打产品有成熟期较久的黑标和精品，还有轻快的裸麦威士忌。

金宝威士忌(白标)
酒精浓度40%
容量700毫升

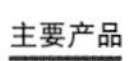

主要产品

金宝精品威士忌
酒精浓度40%
容量700毫升
金宝裸麦威士忌
酒精浓度40%
容量700毫升

诞生于南北战争的前一年
拓荒者精神的象征

时代威士忌黄色酒标
酒精浓度40%
容量700毫升

1860年，在林肯就任美国总统的同一年里，时代波本威士忌诞生了。在1920年实行禁酒法的时候，时代波本威士忌因被视为医生处方的药用威士忌而免遭禁止，从此便在全美推广开来。

其名称时代（EARLY TIMES）也有拓荒之意，象征着拓荒者的精神，因此在世界各地都有广大的支持者。传统的波本威士忌是黄色酒标，味道圆润温和、芳香四溢。在日本限定的是咖啡色的酒标，口味相对来说比较甘醇浓郁。

主要产品

时代威士忌咖啡色酒标
酒精浓度40%
容量700毫升

广受喜爱并且能够代表肯塔基的波本威士忌

1855年，奥斯丁·尼可斯创立了尼可斯公司。这款威士忌是尼可斯特意为了前去南卡罗来纳州狩猎火鸡的人酿造的，并将其命名为野火鸡。第二次世界大战以后，有报馆将艾森豪威尔总统非常喜欢这种酒的事实报道出来，野火鸡从此声名大噪。此后，历代美国总统都非常喜欢喝这种酒，于是其知名度开始响彻全世界。工人的热情与一直坚持采用的传统制造方法将肯塔基优质的水源与丰富的谷物优势发挥到了极致，在四季分明的绝佳气候环境中，孕育出了白金级的波本威士忌。

野火鸡标准威士忌
酒精浓度40%
容量700毫升

主要产品

野火鸡8年威士忌 / 酒精浓度50.5%/ 容量700毫升
野火鸡12年威士忌 / 酒精浓度50.5%/ 容量700毫升
野火鸡限量版威士忌 / 酒精浓度54%/ 容量700毫升
野火鸡裸麦威士忌 / 酒精浓素50.5%/ 容量700毫升

每一瓶都不一样的红色蜡封足见其高级 奉手工制造为最高精神的精致波本威士忌

马克（红色蜡封）威士忌
酒精浓度45%
容量750毫升

这是一个诞生于1959年的品牌。1840年，T.W.塞缪尔斯设立了蒸馏酒厂，而传到小比尔·塞缪尔手中的时候，已经是第四代了。小比尔·塞缪尔决心酿造出足以和苏格兰威士忌媲美的高级波本威士忌。他不再采用普通的裸麦，而是采用冬小麦，利用独门的酿造方法，历经6年的时间，终于实现了他的想法。为了强调这种酒的高级品质，小比尔的妻子马姬提议使用红色的蜡将瓶口封起来，而且每一瓶都是手工封蜡。该厂至今仍然恪守着“使用手工的方式，采用最好的材料，少量优质地生产”的信念，故有一批忠实的追随者。

小常识

马克的瓶子一直都坚持用红色的蜡将瓶口手工封好，这是自始至终都没有改变过的。其规格有迷你瓶50毫升、半瓶装375毫升、标准装750毫升以及大瓶装1000毫升。

用小麦酿出的圆润温和
费时费力的“诚实的波本威士忌”

关于这种威士忌的创立时间，有两种不同的说法，一种说法是其创立于1870年，另一种说法则说是在1849年创立的。但无论是哪种说法，都说明了它的历史是非常悠久的。这是针对于会员俱乐部或提供给豪华客船的高级品客而特制出来的一个品牌。由熟练的酿酒工人用精挑细选的原料和优质的水酿造而成，具有非常高的品质，故而能赢得大众的信任，获得“诚实的波本威士忌”的美称。而其圆润温和的口感则来自作为辅助原料的小麦。广受好评的1849使用熟成8年的原酒，口感非常浓郁。

老费兹杰罗德
1849年威士忌
酒精浓度45%
容量750毫升

主要产品

老费兹杰罗德金牌威士忌
酒精浓度40%
容量750毫升
老费兹杰罗德12年威士忌
酒精浓度45%
容量750毫升

象征着美国的老鹰展翅高飞
继承了肯塔基漫长的历史

奇鹰10年
单桶威士忌
酒精浓度45%
容量700毫升

奇鹰威士忌是由水牛足迹蒸馏酒厂酿造的高级波本威士忌，其前身为创设于1857年的远古时代蒸馏酒厂，现在的厂名是在1999年的时候更改的。奇鹰象征着美国的国鸟，也就是老鹰，是很高级的品牌。10年单桶威士忌是指将储藏了10年的原酒一桶一桶地用手工仔细装瓶，其利落大方的瓶身颠覆了波本威士忌以往的形象，明亮的蜂蜜色让人眼前一亮，风味轻盈甘醇，极具诱惑，是一款评价相当高的威士忌。

主要产品

有17年单桶威士忌(酒精浓度45%，容量750毫升)；也推出过重口味的奇鹰10年(酒精浓度50.5%，容量750毫升)，不过已经绝版了。形状又短又胖的矮胖瓶和慓悍的老鹰酒瓶，让人不禁回想起美国曾经的美好年代，所以非常受欢迎。

传说中的创业者酿造而成的田纳西州代表品牌

1863年，年仅13岁的杰克·丹尼从照顾过他的牧师丹·卡尔手中买下了蒸馏酒厂。相传丹尼是个非常有魅力的人，有很多关于他的传说。而关于酒标上的“Old No.7”，也有着很多不同的猜测，但却一直没有定论，至今仍是个谜，比较普遍的看法是说那是他第七次尝试的作品。其特色风味是利用糖枫木炭过滤法（用糖枫木炭的过滤槽来过滤威士忌的方法）创造出来的，这也是该厂自创业起就坚持采用的过滤方法。

杰克丹尼黑标
酒精浓度40%
容量700毫升）

主要产品

杰克丹尼单桶威士忌
酒精浓度47%
容量750毫升
绅士杰克威士忌
酒精浓度40%
容量750毫升

加拿大威士忌
Canadian

在禁酒法时代的飞跃式成长

在美国独立战争以后，对独立表示抗议的英国人纷纷移民到加拿大，而加拿大的威士忌酿造便是从此时开始的。20世纪20年代，美国进入禁酒法时代，但加拿大威士忌却在这个时候被偷偷地带入美国，并飞速成长。如今，加拿大已是五大威士忌产地之一，拥有加拿大俱乐部和基米尼等知名的蒸馏酒厂，在世界各地都有广泛的支持者。

以轻盈的调和式威士忌为主

加拿大法律规定的加拿大威士忌通常指的就是调和式威士忌，即“以谷物为原料，利用酵母发酵，在加拿大进行蒸馏，并装进700千克以下的橡木桶里至少熟成3年的威士忌”。

调和式威士忌是由风味温和的基础威士忌（以玉米为主要原料酿造）和风味浓醇的调味威士忌（以裸麦及裸麦麦芽、大麦麦芽等为主要原料酿造）调配而成的，再加上用连续式蒸馏器进行蒸馏，便形成了浓郁的香味和轻盈的口感。裸麦威士忌则是指其中使用的裸麦占了51%以上的比例。

清新无刺激性的加拿大威士忌在世界各地都有广泛的支持者

1856年，海岚·沃克在安大略州设立了蒸馏酒厂，一种前所未有的清新爽口的威士忌就此诞生。由于在美国各地的绅士俱乐部好评连连，故取名为“俱乐部威士忌”。一时间锋芒毕露。这种现象让波本威士忌从业者感受到了极大的威胁，并且最终选择向政府抗议。后来之所以改为“加拿大威士忌”，就是为了与产自美国的威士忌相区分。其入口的感觉极好，且没有刺激的味道，这让它在全球150多个国家都拥有支持者。其中，黑标是日本特定的商品。

加拿大俱乐部威士忌
酒精浓度40%
容量700毫升

主要产品

加拿大俱乐部12年 / 酒精浓度40% / 容量750毫升
加拿大俱乐部黑标威士忌 / 酒精浓度40% / 容量750毫升
加拿大俱乐部雪莉桶威士忌 / 酒精浓度41% / 容量750毫升
加拿大俱乐部20年威士忌 / 酒精浓度40% / 容量750毫升

献给英国国王的珍贵杰作

皇冠
酒精浓度40%
容量750毫升

1939年，为了献给第一次访问加拿大的英国国王乔治六世，拉萨尔蒸馏酒厂推出了一款格调高尚的珍贵杰作。其口感轻盈却又不失浓郁芬芳的风味，基础威士忌（由玉米制成）和调味威士忌（由裸麦制成）的调配比例恰到好处，堪称绝妙，据说这是在反复尝试了600多种调和的配方才最终确定下来的。就连瓶身都独具创意，象征着国王的皇冠，非常彰显贵族的气质。当初只提供给宾客饮用，所以产量很少。如今则在世界各国都有出售。甚至有相当一部分人推崇这种威士忌为加拿大威士忌最巅峰时期的代表作。

小常识

如果是平行输入，有的会在“Crown Royal”的酒标上标注皇冠的名字。主打商品有黑标威士忌（酒精浓度为45%、容量1000毫升）、特别储藏、第16号桶（全都是酒精浓度40%、容量750毫升）等。

日本威士忌
Japanese

创造历史的岛井信治郎与竹鹤政孝

1923年，寿屋（现三得利）创办人岛井信治郎在京都设置了山崎蒸馏酒厂，从而开启了日本威士忌的酿造历史。结合竹鹤政孝在苏格兰学习的蒸馏技术，第一瓶日本威士忌“三得利威士忌”（俗称白札）终于在1929年推出了。1934年，竹鹤离开寿屋，在北海道余市建立了自己的蒸馏酒厂，并成立日果威士忌股份有限公司。在那之后，三得利在白州、日果威士忌在宫城峡又分别建立了蒸馏酒厂。它们以不同的角色推动着日本威士忌的发展，直到现在也仍然如此。

迅速成长的品质受到全球肯定

日本威士忌可以大致区分成3大类：麦芽威士忌、谷物威士忌以及由麦芽与谷物混合而成的调和式威士忌。虽然近年来单一麦芽威士忌也颇受好评，但是目前在市面上流通的绝大部分知名品牌还是调和式威士忌。由几种麦芽混合而成的调和式麦芽威士忌也被称作纯麦芽威士忌。

日本威士忌的酿造是从模仿苏格兰威士忌开始的，力求酿造出尽可能接近原产地的风味，过去仅在日本出售，如今则以其优良的品质得到了世界各地人们的喜爱。

小型蒸馏酒厂及其发展趋势

日本目前共有8家蒸馏酒厂，除了众所周知的三得利和日果，麒麟酒业有限公司的麒麟蒸馏酒厂也很有名。不过非常遗憾的是，曾经由美露香设立的轻井泽蒸馏酒厂目前已经关闭了。此外，明石的江井岛造酒蒸馏酒厂与本坊酒造的信州工厂正合作经营一个项目，像这样的小型蒸馏酒厂也越来越受关注。2008年，冒险家威士忌公司在所泽新建了蒸馏酒厂，并在2011年成功推出了新品牌“一郎麦芽威士忌”。

在最适合酿造威士忌的地方酝酿出扬名全世界的日本单一麦芽威士忌

山崎12年
酒精浓度43%
容量700毫升

1923年，三得利的创办人岛井信治郎在京都郊外的山崎峡开设了蒸馏酒厂。这个地方具有高品质的地下水，且气候潮湿多雾，最适合酿造威士忌，当年这里也是千利休钟爱的地方。在同一家蒸馏酒厂里，把形状和大小不同的蒸馏器分开使用，便可以酿造出多彩多姿的原酒来。把这些麦芽原酒组合起来，即可酿成山崎威士忌。10年的口感圆润温和，12年的既细致又有深度，而18年的更是散发出独特韵味的熟成感，这些全都是扬名全世界的佳作。

主要产品

山崎10年
酒精浓度40%
容量700毫升
山崎18年
酒精浓度43%
容量700毫升

在森林里酿出的干脆爽快的单一麦芽威士忌

1973年，三得利为了寻找跟山崎蒸馏酒厂风格不同的原酒，将白州蒸馏酒厂建在了山梨县甲斐驱岳的山脚下。那里是一片面积广大的森林，绵延约82万平方千米，里面还有野鸟生态保护区。在如此优越的自然环境中，采用曾荣获日本名水百选的尾白川的水（软水）作为酿酒用水，从而创造出香气怡人、干脆爽快的白州威士忌。相较于爽口的10年和12年，18年和25年则散发出复杂的浓醇香、成熟的果香与橡木桶的香味，是很有层次的一款佳酿。

白州12年
酒精浓度43%
容量700毫升

主要产品

白州10年
酒精浓度40%
容量700毫升
白州18年
酒精浓度43%
容量700毫升

日本调和式威士忌的最高峰之作 为纪念三得利创业90周年而酿造

响17年
酒精浓度43%
容量700毫升

1989年，为纪念三得利创业90周年，集结了传承自第一代首席调酒师岛井信治郎的调酒技术与热情的威士忌诞生了，其堪称日本调和式威士忌的最高峰之作。其设计灵感来自布拉姆斯交响曲的第一号第四乐章，由当时的首席调酒师稻富孝一创出。因融合了30多种长期熟成的麦芽原酒，故具有滑顺又圆润温和的口感，还有甘美的熟成芳香，宛如交响曲一般，富有层次感的余韵也如绕梁三日的旋律般萦绕耳畔。

主要产品

响12年
酒精浓度43%
容量700毫升
响21年
酒精浓度43%
容量700毫升

在日本威士忌之父的光环下诞生
粗犷豪放又华美无双的纯麦芽威士忌

日果威士忌股份有限公司的创办人竹鹤政孝是第一位前往苏格兰学习正统的威士忌酿造技术的日本人，被称为日本威士忌之父。竹鹤威士忌即是以他的名字命名的。1934年，竹鹤在北海道的余市设立蒸馏酒厂。1969年，他又在宫城县的仙台近郊的宫城峡设立了蒸馏酒厂。余市麦芽威士忌粗犷豪放，而宫城峡麦芽威士忌则既华丽又圆润温和。将二者调配在一起，便成了竹鹤威士忌，其特点是越接近熟成期满，风味就越缤纷多变。主要产品有容易入口的12年、完整熟成的17年和口味浓郁的21年等。

竹鹤12年
酒精浓度40%
容量700毫升

主要产品

竹鹤17年
酒精浓度43%
容量700毫升
竹鹤21年
酒精浓度43%
容量700毫升

在北方的风土中孕育出强烈的个性
日果威士忌的原点

余市10年
单一麦芽威士忌
酒精浓度45%
容量700毫升

日果威士忌股份有限公司的第一家蒸馏酒厂位于北海道的余市，据说是为了创造类似于原产地苏格兰的环境而刻意打造的。如今已被视为日本威士忌的圣地，前往参观的人络绎不绝。特别是蒸馏酒厂中留存至今的9栋建筑物，还被记入了日本的有形文化财产。采用石炭直火蒸馏的传统酿法并在海风吹拂的仓库中熟成是余市单一麦芽威士忌的主要特点，其特色在于扑面而来的浓郁香味与足以让人为之震撼的烟熏味。

主要产品

余市12年单一麦芽威士忌
酒精浓度45%
容量700毫升
余市15年单一麦芽威士忌
酒精浓度45%
容量700毫升
余市20年单一麦芽威士忌
酒精浓度52%
容量700毫升

竹鹤政孝的集大成之作

竹鹤政孝的调和式威士忌酿造在此达到了最高峰，也可以说是其毕生功力的展现。华丽温和的麦芽威士忌加上熟成的谷物威士忌进行调配，再用17年的时间使其熟成，便成就了高品质的调和式威士忌。一口入喉，柔顺的感觉从喉咙经过，优雅的香气在口中缓缓地散开，圆润的风味让人无法忘怀。在瓶身设计上，以鹤为主题，盖子上则再现了竹鹤家代代相传的“在竹林里嬉戏的鹤”的屏风绘画。此外，优美的白瓶也很受欢迎。

鹤17年
酒精浓度43%
容量700毫升

主要产品

鹤17年白瓶
酒精浓度43%
容量700毫升

在大自然中孕育出的温和型单一麦芽威士忌

宫城峡10年
单一麦芽威士忌
酒精浓度45%
容量700毫升

宫城峡蒸馏酒厂设立于1969年，在宫城县的仙台市区以西大约25千米，四周都是翠绿的森林。其创办人竹鹤政孝曾说过："美丽的大自然才会孕育出好喝的威士忌。"所以，他严禁砍伐树木，以保持这里非常好的水土环境。他采用流经的新川河的优质伏流水，再以蒸气加热的方式蒸馏，并用雪莉酒桶完成熟成的工艺，巧妙地实现了华丽而又不失柔顺的口感。近年来，宫城峡威士忌受到了越来越多的关注。

主要产品

宫城峡12年
单一麦芽威士忌
酒精浓度43%
容量700毫升
宫城峡15年
单一麦芽威士忌
酒精浓度45%
容量700毫升

来自于富士山麓的纯净风味
散发着甘醇的橡木桶熟成香气

1972年，由麒麟酒业有限公司（前身叫Kirin Seagram，现名为Kirin Distillery）所设立的富士御场蒸馏酒厂，以酿造出“纯净的风味中散发出甘醇的橡木桶熟成香气”为目标，利用富士山的高级天然水，开始酿造新的威士忌，2005年终于成功研制出了单一麦芽威士忌，并命名为“麒麟威士忌富士山麓”。因为是利用产自北美的白橡木旧桶来熟成，创造出丰富的香味和宛如坚果一般的甘醇浓郁与柔软温和的口感非常独特。再加上使用了充满果香味的原酒，因此在酒精浓度达50%的时候封入橡木桶里熟成后，会有残留着的橡木桶的熟成香气，这种余味特别令人着迷。

麒麟威士忌富士山麓
18年单一麦芽威士忌
酒精浓度43%
容量700毫升

主要产品

麒麟威士忌富士山麓
樽熟50°
酒精浓度50%
容量600毫升

——苏格兰威士忌小知识——

比较适合东方人的温和口感
WHITE HORSE
白马牌

在日本，直到不久前，只要提到苏格兰威士忌，就一定会出现“白马牌”这个牌子。事实上，在日本出售的白马牌是针对日本国情特别调配出来的，因此跟英国本土的不太一样。其温和的口感非常受欢迎，加上如今价格也非常便宜，更是将其大众化的形象深入人心。英国的白马牌创立于1890年，由格兰爱琴、乐嘉维林等如今已相当有名望的单一麦芽威士忌原酒调和而成。

与原厂的风味略有不同，装瓶商独有的品牌更能够带出橡木桶的独特魅力

在选择苏格兰威士忌的时候，因为有装瓶商自有品牌的存在，所以会感到有些迷茫。装瓶商自有品牌指的是由专门经营这种瓶装的人推出来的产品。也许你会觉得由制造商直接装瓶就不会混淆，但事实却并非如此。这是因为有的装瓶商也会推出他们自己独立的品牌。这岂不是盗版？倒也不能这样妄加评论。他们只是向蒸馏酒厂购买整桶的原酒，然后在自己的公司里熟成，所以味道通常都是非常地道的。而且与原厂追求风味的一致性不同，这些装瓶商会把几个橡木桶混在一起进行熟成，其各自的味道也是十分鲜明的。

在业界评价甚高的知名装瓶商，如高登&麦克菲尔公司和邓肯泰勒公司，都推出了许多自行开发、酒标很有意思的主打产品。

白兰地

Brandy

白兰地的基础知识

历史与概述

被称为SPIRITS的蒸馏酒品种很多，其中尤以与威士忌并称为酒中双璧的白兰地最为著名。白兰地主要以果实为原料，其中又以葡萄为主，而号称葡萄总产量世界第一的法国自然也就成为白兰地世界第一生产国。据说蒸馏酒精是8～9世纪时在中东被发现的，其酿造方法传入法国则是在13世纪。当时的法国也是从公元前7世纪就开始酿造酒品，其中历史最为悠久的要数葡萄酒。传说当时身为医生又是炼金士的阿纳尔德斯·德·维拉诺瓦偶然将葡萄酒加以蒸馏，便创出了白兰地。这款酒和威士忌在创造之初都是作为药用，所以也曾被称为“生命之水”。

关于白兰地的起源有很多说法，有一种说法是在16世纪，经营酒品买卖的荷兰贸易商为了降低运费，赚取更多的利润，便通过将葡萄酒蒸馏的方式来减少液体的容量，却没想到反而制造出一种酒精浓度很高的酒品，于是便成为佳话广为流传；不过也有一种说法说是将当时酿造失败的葡萄酒进行蒸馏，使其变成一种比较好喝的酒品，总之众说纷纭。但是无论是哪种说法，都证明了一点，即先有葡萄酒，而后才有白兰地。

17世纪下半叶，很多企业家在法国西南部的干邑地区设立了很多蒸馏酒厂，并成功地将这种酒定位成新形态酒品。到现在为止，干邑地区之所以成为白兰地的代名词，主要就是因为这段历史。不过，与这里齐名的南法雅马邑地区的历史则更为悠久，曾有记录说这里从15世纪初期便开始酿造白兰地。值得一提的是，白兰地这个名称是由当时荷兰贸易商将名为“VIN BRULE”（烧的酒）这种酒销售到邻国时，以当地的荷兰语“BRANDEWIJN”为其命名的。在那个时候，比起法国对这种酒品的需求，英国的需求量更大，而英国为了便于记忆，将这种酒的名称缩短为“BRANDY”（白兰地），这个家喻户晓的名称即是由此而来的。

随着白兰地生产链的不断发展，路易十四在1713年制定了白兰地保护法，从此，白兰地受到了更多来自欧洲皇室的瞩目，同时各国上层社会也开始对其表现出不同程度的喜爱，甚至有了“王侯之酒”这样的美名。在大航海时代，随着欧洲各国殖民者的船只奔向世界各地（欧洲殖民者组织船队前往美国、印度、亚洲各国进行侵略），白兰地作为船上著名的酒品，也跟随着船队到处传播开来。不过在当时，白兰地的颜色还是无色透明的，而且也不像如今的口感这样圆润温和，历史上更无从考究是从什么时候起，人们开始像酿造威士忌一样将其装进橡木桶中窖藏，使其变成琥珀色的成酒。但是人们一般认为这种习惯源于大航海时代，将原酒装进橡木桶搬上船，并流传下来。

话说回来，白兰地不仅仅是指葡萄酒，同时也指之前我们提到过的以水果为原料的蒸馏酒。在传入法国期间，这样的酿造方式在整个欧洲也传播开来，其他地方的很多人也开始以苹果、樱桃等各种水果为原料酿造白兰地，这样的酒品被称作水果白兰地，而形成这种琥珀色的白兰地则是东欧国家的特色。西欧多半没有采用以橡木桶熟成白兰地的做法，他们酿造的酒品，因为颜色清澈透亮，且更多地被商品化，所以也被冠以白色白兰地之名。除此之外，美国也是白兰地消费大国之一，自1842年起便在美国加州酿造白兰地。

原料与酿造方法

葡萄是最常采用的原料。一般的酿造方法是在酿造成葡萄酒之后，再进行蒸馏，以产生酒精更浓郁的新酒品，俗称葡萄白兰地。除此之外，采用苹果或樱桃、李子、洋梨、杏桃、草莓、覆盆子等琳琅满目的水果酿造而成的酒品，则被称为水果白兰地。同时，还有一些将制造葡萄酒时剩下的葡萄残渣，通过蒸馏提炼而成的白兰地，法国称这种白兰地为“MARC”，而意大利则称之为“GRAPPA”，其实都是渣酿白兰地的意思，与利用酒渣酿成的劣质烧酒一个道理，不过如果是由老字号的蒸馏酒厂（日本称之为藏元）生产的，其市场评价也是相当高的。与此同时，采用没有达到法国葡萄酒原产地名称（AOC）制度标准的葡萄酒为原料酿造而成的白兰地，则被称为精酿白兰地。

由于采用原料的种类不同，发酵后的蒸馏方式也会影响其原料的特性（例如酸味、香气等），因此有用单式蒸馏器重复蒸馏多次的白兰地，也有用连续式蒸馏器蒸馏的白兰地等，各有各的微妙。而且在出货方式上也大有不同，清澈透明的白色白兰地在蒸馏之后，需要先放在不锈钢槽中储藏，待味道稳定后便会直接装瓶，不通过橡木桶的出货方法就是为了避免酒水中沾染上橡木桶的香气，从而令人品味其原料自身的香气。相反，通过橡木桶储藏，再窖藏上一段时间，便可使原料的香味与橡木桶的香味交融在一起，产生出复杂而厚重的特殊风味，这样的出货方式才是白兰地的标志性特点。

白兰地的瓶身上通常会标注VO、VSO来表示其熟成的年份，法定的VO/VSO/VSOP最少在橡木桶中窖藏4年以上，而法定的XO则最少要在橡木桶中窖藏6年以上，不过还是有很多酒厂会培养出很多高于最低年份的酒品，当然也有很多跟实际年份不符的酒品，所以这种标注也只能作为一个参考罢了。

以拿破仑命名也是表示品牌高级的方式之一。在1811年拿破仑统治时期，因为葡萄大丰收，所以酿出了很多高品质的葡萄酒，再经过蒸馏工序，便产出了同样高品质的白兰地。作为将白兰地推向世界各地的功臣，拿破仑的名字自此便成为高品质白兰地的代名词。还有很多白兰地是调和而成的，比如干邑白兰地就是用原酒与新酒调和而成的。

从法国的白兰地开始家喻户晓并受到来自世界各地的瞩目以来，最为经久不衰的便是干邑和雅马邑这两个产地。法国政府为了保证这两个产地酒品的品质，在1909年针对酒品名称的使用制定了相应的法律，这项举措让这两个地区的白兰地变得更加有名。直到现在，除了这两个产地之外，法国其他地区所产的白兰地都被称为法国白兰地。

本书以干邑白兰地和雅马邑白兰地为主，为大家详细介绍了精酿白兰地和渣酿白兰地（MARC、GRAPPA）的有关知识。至于采用除葡萄以外的其他水果制成的蒸馏酒（水果白兰地），则主要为大家介绍了法国和诺曼底的以苹果为原材料的卡瓦多斯以及采用樱桃酿制的德国樱桃白兰地等品牌。

干邑白兰地

Cognac

AOC规定的原料及酿造方法

干邑白兰地主要是指在法国中西部的干邑地区酿造的白兰地。根据法国葡萄酒的原产地名称（AOC）制度中的规定，其原料以最适宜酿造白兰地的白维尼、弗立·布兰琪和哥伦巴这3种白葡萄为主，如果使用量在10%以内，则可以配比福利安、居安颂、谢蜜雍、蒙蒂勒、梅里叶等一起进行混酿；而酿造方法则是通过传统的铜制单式蒸馏器，在进行2次单式蒸馏后，再将原液放入产自法国当地的橡木桶中熟成2年以上，并在上市前加水稀释到40度左右。

6大酒品原产地是保证其品质最好的证明

干邑白兰地的原产地包括大香槟区、小香槟区、布特尼区、芬波亚区、彭波亚区、波亚贺丹尼区共6个产区。只要是这几个地区酿造的白兰地，无论是哪个品种，都可以冠上“干邑”的字样。

当然，如果这6个地区使用各自的葡萄酿制，也可以在前面冠以其地区的名称，其中以“大香槟区白兰地”的品质最高，具有很细致的芬芳和浓郁的风味，排在第二位的“小香槟区白兰地”和第三位的“布特尼白兰地”也是品质非常高的酒品。

干邑白兰地的酿造者跟葡萄酒的酿造者一样，也分为两种，一种是自己拥有葡萄园的独立酒庄，另一种则需要购买原料或者原酒，自己进行熟成或调配。干邑白兰地非常重视调配技术，这也是其特色之一。

拥有超过280年历史的白兰地以人头马身为标志的佳酿

自1724年创业以来，人头马公司一直忠于传统酿造手法，耗费大量的精力以求酿造出高品质的干邑白兰地。其坚持采用在干邑地区的葡萄产地中排名前2名的高品质葡萄作为主要原料，从而成就了丰富又复杂的口感与力道。再加上酒窖管理人精湛的调配技艺，便创造了宛如香水般的芬芳，使人回味无穷。在众多人头马中，又以法国巴卡莱公司酿制的水晶瓶身的路易十三最为经典，其经由40～100年熟成，采用多达1200种的干邑白兰地调配而成，是梦幻中的佳酿。

人头马V.S.O.P
酒精浓度40%
容量700毫升

主要产品

路易十三
酒精浓度40%
容量700毫升
人头马新卓越XO
酒精浓度40%
容量700毫升

以法国人心中的英雄“拿破仑”命名
备受皇帝青睐的干邑白兰地

拿破仑XO
酒精浓度40%
容量700毫升

19世纪初，一个成功的葡萄酒商人艾曼纽尔·库瓦西耶来到巴黎,并于1805年创立了这个品牌。因多次献给法国皇帝拿破仑一世，故被人们视为拿破仑最钟爱的白兰地。1869年，在拿破仑三世执政期间，更是成功获选为当时的宫廷御用酒。据说目前使用“拿破仑”肖像标志的干邑白兰地，一开始就是指库瓦西耶白兰地。拿破仑干邑白兰地是法国干邑区的名酿，精选香槟区农家葡萄，放进橡木桶酿制而成，芳香扑鼻，丰厚圆浑，甘醇如丝，风味独特。

主要产品

拿破仑VSOP
酒精浓度40%
容量700毫升
拿破仑 VSOP 至尊
酒精浓度43%
容量700毫升

世界顶级干邑品牌
享有盛誉、尊崇达150年之久

CAMUS由让·巴蒂斯特·卡默斯创立于1863年。在众多干邑白兰地品牌中，是全球最大的、唯一完全由家族掌控的品牌。卡默斯家族至今已经传承了5代，每一代人都遵守着上一代人的酿造工艺，同时又为悠久的传统注入了新的血液，持续以自己独特的方式酿造，形成新一代高品质的干邑白兰地。卡默斯系列佳酿众多，既有优雅又精细的经典系列，又有以产量稀少而闻名的布特尼系列，布特尼系列一直都坚持采用本土的特色葡萄酿造而成，甘洌香醇的气息铸就了传世的佳酿，成为唇齿流向的奢华经典系列！在国际葡萄酒暨烈酒竞赛中，布特尼成绩斐然，得过4次金牌。在雷岛生产的异色“雷岛”系列，也倍受大众瞩目。

卡默斯VSOP经典系列
酒精浓度40%
容量700毫升

主要产品

卡默斯XO经典系列
酒精浓度40%
容量700毫升
卡默斯布特尼XO
酒精浓度40%
容量700毫升

以人工摘取葡萄闻名的老字号佳酿被誉为大自然恩赐的干邑白兰地

保罗吉罗15年白兰地
酒精浓度40%
容量700毫升

干邑白兰地的最佳产地为大香槟区。从400年前起，吉罗家族就在这里经营农业，其中就包括酿造白兰地不可或缺的葡萄，但真正开始酿造白兰地，则要追溯到1800年。现代社会的干邑白兰地多是用机械大量生产的，但吉罗家族却与众不同，基于“干邑白兰地是大自然的恩赐”的理念，他们坚守着传统的制造方法，比如用人工采摘葡萄，经过自然发酵，再花大量的时间蒸馏等，这些都是其他白兰地生产商难以做到的。这样酿出的白兰地高雅华丽而又不失柔和，可以说是手工酿造干邑白兰地中的极品。

主要产品

保罗吉罗25年白兰地
酒精浓度40%
容量700毫升
保罗吉罗35年白兰地
酒精浓度40%
容量700毫升
保罗吉罗传统白兰地
酒精浓度40%
容量700毫升

欧洲的干邑白兰地王者
拥有紫丁香般华丽的香味

马爹利是欧洲销量第一、世界首屈一指的干邑白兰地。创立于1715年的马爹利公司在干邑白兰地的酿造上堪称法国最古老的超级老字号，其酿造技术已经传承了8代。布特尼地区为顶级的葡萄生产地，用这里生产的葡萄酿成的原酒带有馥郁的芬芳和圆润温和的口感，有如“紫丁香花的香味”。而马爹利之所以能拥有丰富的香气和既细致又甘醇的风味，留下“酒杯空，香仍在”的美誉，也正是因为大量地使用了这款布特尼原酒。

马爹利蓝带干邑白兰地
酒精浓度40%
容量700毫升

主要产品

马爹利 V.S.O.P / 酒精浓度40% / 容量700毫升
马爹利 XO / 酒精浓度40% / 容量700毫升
马爹利金皇 / 酒精浓度40% / 容量700毫升
马爹利三星 / 酒精浓度40% / 容量700毫升

从文艺复兴时期的古堡中诞生 有着淡淡木桶香味的干邑白兰地

奥达V.S.O.P
酒精浓度40%
容量700毫升

位于干邑市的干邑堡在法国革命之前，也就是国王弗朗索瓦一世诞生之前，一直都是隶属于法国皇室的。直到1796年，市长奥达男爵以私人名义买下了这座城堡，而其目的只是为了酿造干邑白兰地。干邑白兰地的主要工序是：首先以大香槟区及小香槟区让人回味无穷的葡萄酿成美味的葡萄酒，然后再加以蒸馏，最后装进小型的橡木桶里等待其熟成。熟成的年限不同，其展现出来的魅力也不一样，所以从熟成8年以上、味道比较辛辣的V.S.O.P到熟成50年以上的老酒，都会带给人不同的味觉享受。

主要产品

奥达拿破仑白兰地
酒精浓度40%
容量700毫升
奥达XO
酒精浓度40%
容量700毫升

出自于迄今为止已传承了8代的轩尼诗家族因每个细节都非常讲究而闻名于世

轩尼诗作为全世界最多人饮用的一款，是干邑白兰地中的最佳杰作。自1765年李察·轩尼诗首创该品牌，迄今已经传承了8代。李察·轩尼诗的后代继承了他的热情与技术，并将他的事业发扬光大。即使是在从1868年才开始进口的日本，轩尼诗的魅力也无法阻挡，并成为了干邑白兰地的象征。对于酿酒环节中最重要的原酒，轩尼诗的要求是十分严格的，均是以从世界各地精挑细选的葡萄酿造而成，并从全球大约25万桶的原酒里选择品质最好的加以调和。这份坚持经过岁月的磨炼，终于演化出了近乎完美的风味。

轩尼诗V.S
酒精浓度40%
容量700毫升

主要产品

轩尼诗XO
酒精浓度40%
容量700毫升

选用熟成20年以上的原酒
以巧妙的比例调配出圆润温和的口味

德拉曼X.O
酒精浓度40%
容量700毫升

干邑白兰地酿造业逐渐盛行，由安利·德拉曼创立的德拉曼公司也在1824年成为干邑白兰地酿造大军中的一员。他们向专业的蒸馏业者购买以100%的大香槟区葡萄酿制，并熟成20年以上的原酒，再以巧妙的比例调和成味道更加圆润温和的干邑白兰地。这种白兰地在法国获得的声望有口皆碑，也使其成为一些超一流餐厅的珍藏首选。X.O是其中的珍品，通过在熟成25年以上的原酒里加入超过1个世纪的干邑白兰地调配而成。因其色泽清浅，入口不甜，品质极佳，产量又少，所以非常受欢迎。

主要产品

德拉曼晚祷白兰地
酒精浓度40%
容量700毫升
德拉曼珍藏白兰地
酒精浓度43%
容量700毫升

出自大香槟区名门
最高级的干邑白兰地

传承了700年以上的弗拉潘公司坐落于最高级的葡萄产区——大香槟区，并一直在酿造高品质的干邑白兰地，故可称得上是名门中的名门。弗拉潘V.S.O.P是V.S.O.P中世界上唯一一种大香槟区等级的产品，闻名全球。从16世纪开始酿造白兰地到今天为止，弗拉潘坚持只采用自家栽培的高品质葡萄，且必须保证10年以上的熟成期，才能够达到这个等级。其浓郁的芬芳、圆润温和的口感及甘醇的风味让其他白兰地望尘莫及，是最高级的干邑白兰地。

弗拉潘V.S.O.P
酒精浓度40%
容量700毫升

主要产品

弗拉潘拿破仑白兰地
酒精浓度40%
容量700毫升
弗拉潘V.I.O.XO
酒精浓度40%
容量700毫升

追求干邑白兰地本来的魅力 瓶身上的豹个性十足

墨高
酒精浓度40%
容量700毫升

酒商奥古斯塔·克里斯托弗负责供酒给俄罗斯宫廷。1862年，他与曾经是盟友的美口之名强强联合，成立了AC美口公司，并于1979年加入CDG集团，以追求更高品质的白兰地为发展目标。墨高白兰地是美口最具代表性的产品，通过2次蒸馏与利用橡木桶长期熟成所产生的强劲的力道、优雅的风味和浓郁的芳香成为其鲜明的特色。喝下后会有一种轻盈飘然的感觉，让人回味无穷。其绘有象征追求着干邑白兰地本来魅力的豹的独特瓶身也渐渐为世人所熟知。

主要产品

墨高V.S.O.P高级白兰地
酒精浓度40%
容量700毫升
墨高拿破仑白兰地
酒精浓度40%
容量700毫升
墨高X.O
酒精浓度40%
容量700毫升

——干邑白兰地小知识——

品味干邑白兰地的方法

在日本，人们常会将白兰地等同于干邑白兰地。有一种奢侈的品酒方法，也是一直以来最常见的一种品味白兰地的方法：把白兰地注入圆圆的巨大白兰地杯里，慢慢地一面旋转，一面边闻着酒香边喝。这其实是品味干邑白兰地的方法，其他白兰地则适合比较放松地喝。

近年来，干邑白兰地的喝法正在慢慢改变。以前，将白兰地放在圆圆的巨大白兰地杯中，是为了利用掌心的温度给杯子加热，这样可以让香味更加明显。现如今，上等的白兰地只要打开瓶盖，香味就会扑鼻而来，所以即使用小一点的杯子，也能够充分地享受它的香味。在这里，特别推荐一种杯子上有花纹的郁金香形小杯子。

与干邑白兰地十分相像的日本白兰地

标明是日本生产的白兰地也有很多种。据说日本是在明治20年酿出了第一瓶白兰地，但一直到昭和30年才正式开始酿造。这种白兰地的原酒常常采用干邑白兰地，且大多使用酿造干邑白兰地的单式蒸馏器来酿造，所以可以酿出与干邑白兰地十分相像的口感和风味。

目前，最有名气的厂商是三得利、麒麟和日果，它们各自推出了从VO到XO等种类多样的白兰地。其中又以日果推出的“香槟王”最受欢迎，因为其在酿造时使用了许多干邑白兰地的原酒，但价格却非常实惠，如此味美价廉的商品，自然人见人爱。

雅马邑白兰地

Armagnac

拥有700年历史的白兰地

14～15世纪，也就是在法国白兰地的起源期，白兰地的酿制技术也从西班牙经由巴斯克地区传入法国西南部的雅马邑地区。雅马邑白兰地跟干邑白兰地一样，都受到原产地名称制度（AOC）的保护。作为其原料的葡萄品种有白维尼、弗立·布兰琪、哥伦巴、巴可等，其中约80%都是白维尼。酿造时采用传统的半连续式蒸馏法，进行1次蒸馏即可。雅马邑白兰地以富有野趣、粗犷且男性化的风味形成风潮，与细致的干邑白兰地区别开来。

最高级的白兰地是下雅马邑区的白兰地

雅马邑白兰地的产地一共有3个区域，其特点各不相同：下雅马邑区的白兰地有宛如李子般的香味，温和迷人；特那瑞兹区的白兰地香气浓郁、劲道十足；上雅马邑区的白兰地风味稳定柔和。3个区域的划分是根据土壤的差异来确立的。如果只采用在单一的地区内种植的葡萄，就可以标示地区的名称。在这3个区域生产的白兰地中，通常以下雅马邑区的白兰地为最高等级。

跟干邑白兰地的生产者一样，雅马邑白兰地的生产者也可以分成拥有自己的葡萄园的独立酒庄和从别处购买原料或原酒，自己进行熟成或调配的酒商。雅马邑白兰地多采用具有特殊扁平形状的巴斯克瓶灌装，这也是雅马邑白兰地的特色之一。

获得过无数奖项的高品质白兰地

劳巴德酒庄位于下雅马邑区的索尔贝村，从作为原料的葡萄到原酒都是自家生产的，所以能够制造出高品质的雅马邑白兰地，这一点从其在世界各国各种各样的评选会里获得的无数奖项中就可以看出。其特点是把原酒装进新的橡木桶里静置2年，然后再装进旧桶里熟成，这样富含单宁成分的浓郁风味便被创造出来了。既粗犷又充满香味的为VSOP，以平均熟成15年以上的原酒调配而成的是XO，有着恰到好处的味道和平衡感，有差不多80种年份产品。

劳罗德酒庄VSOP
酒精浓度40%
容量700毫升

主要产品

劳巴德酒庄1918—1994年年份产品
酒精浓度40%（1958与1970为44%；1963为46%）
容量700毫升

海军上将夏博设计的出口第一的雅马邑白兰地

夏博XO
酒精浓度40%
容量700毫升

夏博由16世纪的海军上将菲利普·德·夏博的后代于1828年创立，并从1963年开始出口，如今已在雅马邑白兰地中稳居出口量第一的宝座。现在的夏博是由以巴可种葡萄酿成的葡萄酒和用雅马邑白兰地蒸馏器蒸馏并在橡木桶中熟成23～35年的原酒调配而成的，其华丽优雅、芳香四溢，让人流连忘返。

主要产品

夏博拿破仑白兰地
酒精浓度40%
容量700毫升
夏博VSOP
酒精浓度40%
容量700毫升

干邑白兰地和雅马邑白兰地的完美结合

赛马公司原本是葡萄酒的生产商，直到1882年才开始参与白兰地的酿造，并很快成为雅马邑白兰地的名门。其选用产自最优良的雅马邑葡萄产区所产的葡萄作为原料，用干邑白兰地所用的单式蒸馏器和传统的雅马邑白兰地所用的半连续式蒸馏器分别酿出两种不同的原酒，再将其以恰到好处的比例调配在一起，便成了兼具干邑白兰地和雅马邑白兰地两种特色的白兰地。

赛马单一品种雅马邑白兰地
酒精浓度40%
容量700毫升

主要产品

赛马12年单一品种雅马邑白兰地
酒精浓度40%
容量700毫升

赛马15年单一品种雅马邑白兰地
酒精浓度40%
容量700毫升

赛马VSOP新瓶雅马邑白兰地
酒精浓度40%
容量700毫升

Henri Quatre

亨利四世

主要针对日本市场的雅马邑白兰地

亨利四世豪华瓶装白兰地
酒精浓度40%
容量700毫升

众所周知，法国国王亨利四世广受法国国民的支持，这一品牌名即取自他的名字。1994年，木下国际与赛马公司共同开发了这一品牌。由于是专门为日本市场打造的，因此非常符合日本人的口味，一经推出就享誉日本。与赛马白兰地一样，其作为原料的葡萄也来自最优良的雅马邑葡萄产区。再加上用多种陈年的原酒加以调配熟成，便成就了果香味突出、芳香四溢又口感细腻温和的雅马邑白兰地。

主要产品

亨利四世拿破仑典藏白兰地
酒精浓度40%
容量700毫升
亨利四世拿破仑特级白兰地
酒精浓度40%
容量700毫升
亨利四世XO高级白兰地
酒精浓度40%
容量700毫升

精酿白兰地与渣酿白兰地

Fine & Marc

与白兰地师出同门的法国蒸馏酒有两种，分别是精酿白兰地与渣酿白兰地。其主要原料为葡萄，而且也主要是由葡萄酒的生产者生产的。在法文中，将白兰地等蒸馏酒称为“Eaux-De-Vie”（“生命之水”），而刚才所说的精酿白兰地与渣酿白兰地，也会在它的正式名称前加上“Eaux-De-Vie”。

精酿白兰地 (Fine)

精酿白兰地的正式名称为“Eaux-De-Viede Vin”，一般情况下，我们把它译为“精酿白兰地”。酿造时先将葡萄酒进行蒸馏，再利用橡木桶进行熟成，然后依照产地限制的法规指定生产地。这种蒸馏酒之所以具有与干邑白兰地或雅马邑白兰地不同的风味，是因为改变了葡萄的品种，并将沉淀后残留在橡木桶底部的葡萄酒加以蒸馏。所以在稳定的白兰地风味中，通常还可以感觉到各种各样不同的个性。

渣酿白兰地 (Marc)

渣酿白兰地的正式名称为“Eaux-De-Viede Marc”，相当于意大利的“grappa”。“Marc”是“渣滓”的意思，渣酿白兰地即是对葡萄的渣滓进行发酵、蒸馏，再用木桶熟成而得来的。其特点在于把葡萄的香味浓缩起来，形成强而有力的狂野风味。在名称中会加入法国葡萄酒的14个产地名，其中又以布根地、香槟区和阿尔萨斯最为著名。

在日本，由于精酿白兰地与渣酿白兰地通常是通过葡萄酒的进口商不定期地提供，什么时候能喝到也是个未知数，所以让人充满了期待感。

顺便说明一下，精酿白兰地与渣酿白兰地的名称也与大部分蒸馏酒有所不同，一般情况下，只标明生产地的名称，例如“香槟区精酿白兰地”“布根地渣酿白兰地”等，买来喝时，请务必小心，不要一点也不区分地全部混到一起。它的瓶身设计风格也多半都属于简单大方的。

乔治・卧驹公爵独立酒庄

乔治・卧驹公爵独立酒庄的精酿白兰地与渣酿白兰地都很有名，所以很难买到。它的历史可追溯到1450年，是拥有特级葡萄园的独立酒庄，发源地在布根地的香波・蜜思妮村。

布根地精酿白兰地
酒精浓度42%
容量700毫升
布根地渣酿白兰地
酒精浓度42%
容量700毫升

费弗蕾独立酒庄

费弗蕾独立酒庄创立于1825年。其坐拥大片的葡萄园，并以其高品质的布根地葡萄酒享誉全球。费弗蕾独立酒庄生产品质安定的渣酿白兰地，至今为止已生产大量价格大众化的产品。

布根地渣酿白兰地
酒精浓度40%
容量700毫升

渣酿白兰地

Grappa

采用葡萄的渣滓酿造而成的白兰地

渣酿白兰地是产自意大利的一种白兰地。在欧盟的法律中，只有在意大利酿造的渣酿白兰地才能被称为“Grappa”。它的制作过程是将葡萄渣滓发酵成酒精，再进行蒸馏、酿造。其酒精浓度为37.5%~60%，醍醐味显示着它与众不同的强烈个性。

依熟成方法的不同，可以将渣酿白兰地分成3个大类：第一类是无色透明的“乔凡尼”“比安卡”等，需要在不锈钢酒糟里熟成至少6个月；第二类是琥珀色的“陈年渣酿白兰地”“斯撒沃奇”等，需要在橡木桶里熟成18个月以上；还有一类是熟成10年以上的长期熟成酒，其千锤百炼的风味可以与高级的干邑白兰地相媲美。

用不同品种的葡萄酿成的渣酿白兰地，其风味也各不相同，因此葡萄的品种也是很重要的，有些产品会直接将其标示出来，如“巴罗镂渣酿白兰地”“蜜思嘉渣酿白兰地”等。

唯内多省及皮蒙省是其主要产地

渣酿白兰地名称的由来有两种不同的说法：一种是来自唯内多省威尼斯北部的巴萨诺·格拉帕，一种是来自意味着一把葡萄的grappolo。

唯内多省久负盛名，那里有世界闻名的“渣酿白兰地圣地”巴萨诺·格拉帕；有很多著名的公司，如创立于1779年的纳迪尼公司和创立于1898年的波利公司等；那里还有由波利公司设立的渣酿白兰地博物馆。渣酿白兰地的著名产地还有皮蒙省，那里有一家著名的公司——贝尔塔公司，其创立于1947年，采用橡木桶熟成的酿造方法，开创了渣酿白兰地的新时代。而最受欢迎的渣酿白兰地则是那些有年份的。

用优质原料酿出的长期熟成渣酿白兰地

帕欧罗·贝尔塔渣酿白兰地1990
酒精浓度45%
容量700毫升

贝尔塔公司于1947年在意大利安蒙省的尼扎·蒙费拉托创立。因为选用优质的葡萄渣滓作为生产原料，所以其酿出的白兰地也是品质很高的，而且也得到了栽培葡萄的农民们的信赖。帕欧罗·贝尔塔渣酿白兰地是用它的创办人的名字命名的，而且也是献给创办人的佳酿，于1990年推出。它将巴罗镂或巴贝尔阿斯提等这些世界闻名的葡萄酒用的葡萄渣滓加以蒸馏，放进小桶里熟成达19年3个月之久。它的芳香甘醇和琥珀色给人一种普天同庆之感。用烧焦的木桶长期熟成的白兰地和用不锈钢酒槽熟成5～6个月的无色透明白兰地是贝尔塔渣酿白兰地的两大类。

主要产品

蜜思嘉渣酿白兰地 / 酒精浓度40%/ 容量700毫升
巴贝尔阿斯提渣酿白兰地2002/ 酒精浓度45%/ 容量700毫升
巴罗镂白兰地2001/ 酒精浓度45%/ 容量700毫升

在唯内多最具代表性的蒸馏酒厂孕育而成具有百年历史的高品质品牌

在渣酿白兰地的圣地巴萨诺·格拉帕西南方十几公里的斯基沃，矗立着唯内多最具代表性的渣酿白兰地生产者——波利公司。据悉，波利公司的创办人曾把蒸馏器放在手推车上，挨家挨户地对葡萄的渣滓进行蒸馏。蒸馏酒厂是在那之后成立的，并一直以家族企业的方式经营着，至今已传到第四代雅科波·波利·维斯派罗了。他采用浓郁的维斯派罗种葡萄的渣滓，利用祖传的由铜制的大锅构成的蒸馏器，以非连续式蒸馏法进行酿造，从而酝酿出具有多层次的蜂蜜及花香的优美风味。

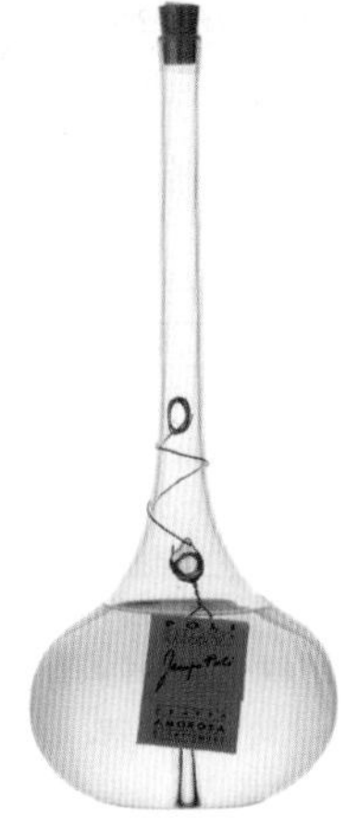

雅科波·波利·维斯派罗
酒精浓度40%
容量500毫升

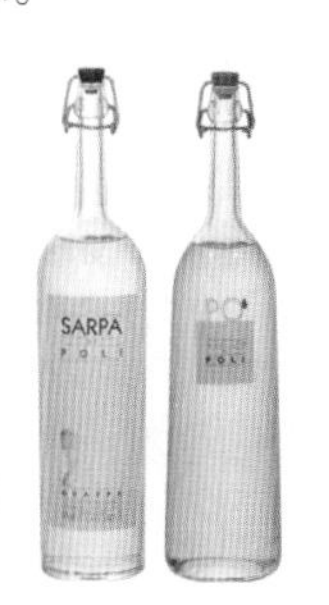

主要产品

萨帕·德·波利
酒精浓度40%
容量700毫升
波利渣酿白兰地（蜜思嘉）
酒精浓度40%
容量700毫升

主要的果实（除葡萄以外）蒸馏酒

Fruit Brandy

水果白兰地之王卡瓦多斯

除了用葡萄以外，还有许多其他的以水果为原料的白兰地，例如，卡瓦多斯以苹果为原料，樱桃白兰地以樱桃为原料，蓝李蒸馏酒以李子为原料，覆盆子酒以覆盆子为原料，西洋梨白兰地以西洋梨为原料，等等。

卡瓦多斯是众多水果白兰地中最闻名于世的，它在法国的诺曼底地区酿造，而在其他地区酿造的则直接命名为苹果白兰地，以便与卡瓦多斯区分开来。在法国境内大约有100多家卡瓦多斯蒸馏酒厂，有着大约400个品牌。水果白兰地通常都作为餐后酒饮用，它的味道温和圆润、香气十足。

最高级品是昂日地区产的

根据原产地名称制度（AOC），卡瓦多斯又有3个名称。昂日地区的卡瓦多斯（CALVADOS PAYS D' AUGE）是以苹果为原料酿造的酒，是由3个地方——卡瓦多斯省、奥恩省和瓦尔省的一部分采用单式蒸馏器蒸馏酿造的酒。杜姆伏龙泰斯地区（昂日地区的西南部）的卡瓦多斯（CALVADOS DU DOMFRONTAIS）是在以苹果酿造的酒中混入30%以西洋梨为原料酿造的酒，使用的是单式蒸馏器或半连续式蒸馏器。第三个名称单纯称为卡瓦多斯，它的生产地区一共有9个，制造方法类似于杜姆伏龙泰斯地区。其中，以昂日地区产的蒸馏酒等级和评价最高。

在黑森林里酿造的樱桃白兰地

产自德国黑森林地区的樱桃白兰地是该地区的特产。用整个樱桃连同种子碾碎发酵，静置6个星期左右再进行蒸馏，等到2～4年其熟成后，便成了樱桃白兰地。樱桃白兰地具有樱桃的香味，通常是无色透明的，味道也不甜，不过也有一部分会带有淡淡的粉红色与浅浅的甜度。可以用来做甜点。需要提醒的是，这种酒与甜樱桃的利口酒很容易混淆，所以要特别注意。

甄选自家农园培育的高品质苹果配以优秀的酿造技术酿造而成的纯正品质

狮子心精选白兰地
酒精浓度40%
容量700毫升

有名的酿酒厂克里斯蒂・杜奥恩公司最引以为傲的国际知名品牌是卡瓦多斯白兰地。从蒸馏到熟成，直到调和为止，全都是在自己的工厂里进行的。这家公司在圣亚纳拥有自己的苹果园，而圣亚纳地处苹果的优良生产地诺曼底昂日地区，且属于其中品质特别优良的产区。它的味道浓密而圆润，又带有苹果的清爽风味，十分可口。至于其名称的由来，则与英国国王兼诺曼底公爵理查德一世有关。众所周知，他的昵称是“Coeurde Lyon”，其意思即是“狮子的心”。

主要产品

狮子心白兰地
酒精浓度42%
容量700毫升
狮子心白兰地・诺曼底白兰地
酒精浓度40%
容量700毫升

采用蒸馏酒厂腹地自家农园中的优质苹果酿造而成的高品质美酒

1825年，皮耶尔·布拉德在诺曼底昂日地区的科凯维列镇建立了布拉德蒸馏酒厂。其用来酿酒的苹果都来自蒸馏酒厂腹地自己的农庄，农庄内肥沃丰饶的土壤保证了苹果的优良品质，从而也保证了酿出的酒的高品质。其中，大索兰吉使用了在橡木桶里熟成3～5年的新鲜原酒，洋溢着水果的芬芳，可用作鸡尾酒的基酒。X.O则是用熟成8～40年的原酒调配而成的，口感圆润温和，且具有成熟苹果的浓郁芳香。

卡瓦多斯布拉德大索兰吉白兰地
酒精浓度40%
容量700毫升

主要产品

卡瓦多斯布拉德X.O
酒精浓度40%
容量700毫升

诺曼底数一数二的卡瓦多斯名门

精酿卡瓦多斯保美加苹果白兰地
酒精浓度40%
容量700毫升

位于卡瓦多斯白兰地的知名产地昂日地区正中央的彭雷维克，是个与世无争的农村，但却并不是一个默默无闻的小村庄。它的闻名主要是盛产同名的奶酪与保美加苹果白兰地。四周环绕着苹果园的蒸馏酒厂是诺曼底的卡瓦多斯名门，不仅规模是最大的，而且产量也是数一数二的，生产各式各样的卡瓦多斯白兰地。用橡木桶熟成2年以上的精酿卡瓦多斯白兰地具有苹果本身十分清爽的新鲜风味，而昂日地区V.S.O.P和昂日地区XO则给人更成熟的感觉。

主要产品

昂日地区V.S.O.P保美加苹果白兰地
酒精浓度40%
容量700毫升
昂日地区XO保美加苹果白兰地
酒精浓度40%
容量700毫升

包含了一整个苹果精华
神秘而迷人的卡瓦多斯白兰地

多迈纳杜独立酒庄创立于1937年，原本是一家制造苹果酒的公司，后来才发展成卡瓦多斯白兰地的制造业者。其选用优良的苹果产地——诺曼底产的优质苹果，从而酿造出品质极高的卡瓦多斯白兰地。著名的“夏娃的苹果”是把一整个苹果装进瓶子里，这当然要在苹果还很小没有长成的时候才能做到，待苹果长大后再从树枝上剪断，注入卡瓦多斯白兰地。无论是外观还是风味，这款酒都显得个性十足，让人迷醉。

夏娃的苹果
酒精浓度40%
容量600毫升

主要产品

卡瓦多斯·葛克拉海精酿白兰地
酒精浓度40%
容量700毫升

三棵枞树

成熟的酒酿风味及浓缩的水果精华 装入可爱迷人的瓶子的有层次的蒸馏酒

三棵枞树德国樱桃酒
酒精浓度45%
容量700毫升

三棵枞树是世界闻名的水果白兰地品牌，它的起源是根据德语"3"的发音跟"干"（dry）类似，而Tannen则是枞树的意思。最为声名远播的是德国特产的樱桃白兰地（Kirschwasser）。该酒只使用100%优质的成熟樱桃，每升最多会使用12千克樱桃，以遵循古法的传统蒸馏法酿造而成。它的液体是无色透明的，却有着意想不到的浓郁风味。此外，还有西洋梨白兰地，它是由威廉种的成熟西洋梨浸渍、蒸馏而成的，各式各样，品种繁多。

主要产品

三棵枞树西洋利白兰地
酒精浓度40%
容量700毫升

在水果王国中精心酿制而成一款风味别致的水果白兰地

在德国南部的巴伐利亚州，靠近举世闻名、风光明媚的观光胜地黑森林（Schwarzwald），有一个叫作罗腾巴赫的地方，被誉为水果的宝库。1910年，啄木鸟（SPECHT在德文里译为“啄木鸟”）在这里扎根。地处水果王国的有利环境使其自古以来就以酿造高级的水果白兰地而闻名。其选用100%优质的樱桃发酵、蒸馏、熟成的樱桃白兰地，口感畅快淋漓，口味芳香甘醇而独特。斯柏维兹紫李白兰地也很有名，此外，还有洋梨、黄李，甚至是覆盆子的白兰地。

樱桃白兰地
酒精浓度40%
容量700毫升

主要产品

斯帕维兹白兰地
酒精浓度40%
容量700毫升
西洋梨酒
酒精浓度40%
容量700毫升
黄李蒸馏酒
酒精浓度40%
容量700毫升

——世界各地的白兰地——

法国白兰地是白兰地的代表，只要一提到白兰地，人们的脑海中很自然就会想到法国白兰地。然而，以葡萄为主要原料的蒸馏酒却在世界各地都有生产。其中最为闻名的，就是以葡萄产地为众人所知的中东的亚美尼亚和地中海的赛普勒斯的白兰地。其次，希腊的梅塔莎白兰地也具有傲人的传统与品质。此外，中南美洲的皮斯科白兰地也不能不提，而在秘鲁和智利，白兰地更是无处不在，深入大街小巷，堪称国民酒。

中南美的白兰地
Pisco 皮斯科

原则上，皮斯科是指用葡萄果肉酿成的蒸馏酒。而秘鲁的法律规定，只有“在包括伊卡大区在内的秘鲁沿海地区的5个县酿造的葡萄蒸馏酒”，才能被称为皮斯科。但事实上，在智利，同样的葡萄蒸馏酒也被称为皮斯科。

秘鲁的蒸馏酒酿造是从17世纪开始的，这还要感谢西班牙殖民者在16世纪带入的葡萄栽培技术。由于这些酒当时都是通过港都皮斯科出口到欧洲的，所以才有了“皮斯科”这个名字。

酿造方法是对甜度很高的葡萄果肉进行压榨、发酵、蒸馏，不经过木桶熟成，而是装进没有上釉的瓶子里，以传统做法进行蜡封，静置。秘鲁的酿造方法是不加一滴水，智利则略微有些不一样。它的酒精度是42度左右，接近无色透明，气味芳香，味道甘醇，有着浓郁的葡萄香味。皮斯科沙瓦是在皮斯科里加入蛋白和柠檬汁，也有许多人喜爱。

金酒

Gin

金酒的基础知识

历史与概述

金酒也是蒸馏酒的一种，一般情况下，金酒多作为鸡尾酒的基酒。但是，也有些行家会直接喝。在品种繁多的蒸馏酒中，成长过程一清二楚的并不多见，而金酒即是其中之一，且与其他蒸馏酒相比，金酒的历史也更加波澜万丈。

掀开历史的面纱，金酒的故事其实要从荷兰说起，虽然比较闻名的是英国的金酒。1660年，殖民地的热病大举肆虐，为了研制出对抗热病的特效药，当时荷兰的名门大学莱顿大学的医学教授希尔维思博士创出了金酒。在研究将病原菌从体内排出去的利尿及解热效果时，希尔维思博士采用了一种叫作杜松子（在日本又叫作鼠刺，中国自古以来就将其作为中药的药材）的原料，将其浸泡在以裸麦为原料酿造而成的酒精里，再进行蒸馏，酿成药用酒。当将其商品化的时候，便一举成名，成为荷兰最具有代表性的蒸馏酒。它的特点是除了药用效果，还有着清爽的味道，这让它有别于过去的酒，后来，金酒慢慢地不再只局限于药用，而是作为一般的酒类进入人们的生活。

金酒在荷兰的时候叫作Jenever（荷兰金酒），风靡英国之后，才慢慢地简称为Gin（金酒）。

很有意思的是，众多在全世界范围被广泛饮用的酒都是在英国正名并流传开来的，比如我们都很熟悉的白兰地、金酒和威士忌。这或许可以说明英国人是一个非常爱喝酒的种群，又或许可以说明英国在席卷全球的时代对收集酒类的偏好。

1689年，英国的威廉三世登基，他极爱喝金酒，并极力推广，从而使金酒在英国为众人所周知并喜爱。威廉三世出生于荷兰最大的贵族，他的妻子玛丽是英格兰皇室的女儿，后来，詹姆士二世被议会放逐，他就继承了詹姆士二世之位。成为国王后，他把自己喜爱的荷兰金酒带到了英国，并把它介绍给国民。与此同时，他还实施一些保护政策，例如降低酒税等，并大力鼓励、奖励在英国酿造金酒。金酒号称“比啤酒还要便宜又好喝的酒”，博得了广大民众的支持，发展30年后，其产量已经远超原产地荷兰了。

不过在1736年，政府却提高了酒税，这也实属无奈之举。因为当时发生了有人贪图“比啤酒还要便宜又好喝”而喝到过量致死的案件，还有人喝到烂醉如泥而引发暴力事件，此类悲剧层出不穷，为了抑制消费，便将酒税提高了。

可是，谁也没有想到粗制滥造的私酿酒还是层出不穷，禁而不止，这样带来的结果就是实施提高产品品质的法律，同时又调降税率。

1830年，英国引进连续式蒸馏器，比以前的金酒还要干的产品诞生，金酒的酿造也开始越来越精致。

后来，金酒又走出了英国，远赴美国。19世纪下半叶，开始流行把几种饮料混到蒸馏烈酒里的现代化风味鸡尾酒。其中最为出名的是把果汁加到金酒里，这样可以去除金酒特有的油耗味，只留下利落的风味，而金酒的受欢迎程度也开始居于基酒的榜首。于是便陆续出现了很多以金酒为基酒的风味绝佳的鸡尾酒，如马丁尼鸡尾酒、琴汤尼鸡尾酒、琴费士鸡尾酒、白色佳人鸡尾酒、螺丝起子鸡尾酒等。而调制鸡尾酒的技术也与这些风味绝佳的鸡尾酒一起流传到世界各地。综上所述，金酒的历史可以用下面这句话来概括：“在荷兰诞生，在英国茁壮成长，在美国发光发热。”

原料与制造方法

制造金酒的原料是大麦麦芽、裸麦、玉米等。把这些材料糖化、发酵制成酒精，再进行蒸馏，在这个阶段，还要加入金酒的命脉——香味。

酿造的地区不同，制造的方法也会有所差异。有的地方是一开始就把形成香味的杜松子等混在原料里；有的地方是直接把香味原料加进发酵好的酒精里，再加以蒸馏；还有的地方是把香味原料装在容器里，再将经由蒸馏气化出来的酒精导入容器中，等等。

蒸馏的手法也千姿百态，各不相同而又都有其巧妙之处。比如在荷兰使用的是单式蒸馏器，其他地方则多使用连续式蒸馏器，也有些金酒会进行2次蒸馏。

金酒的种类主要有4种：荷兰金酒，产自原产地荷兰，其名称也沿用了其诞生时的名称；（伦敦）干金酒，指的是在英国产生变化的金酒；德国的史坦因海卡金酒，18世纪诞生于德国西部的威斯特法伦州施泰因哈根市；美国的加味金酒，是一种十分常见的充满水果及香草香味的柑橘系金酒。

将由杜松子发酵、蒸馏而成的酒精和由大麦麦芽、玉米等发酵、蒸馏而成的酒精调和在一起，再度蒸馏而成的金酒即是史坦因海卡金酒。另外也有经过2次蒸馏，进行短时间熟成的产品，这个只出现在荷兰金酒里。

比较适合加冰块或直接饮用的是荷兰金酒，适合作为鸡尾酒基酒的是干金酒，介于两者中间的德国的史坦因海卡金酒则无论采用何种方式都非常好喝，因而大受欢迎。

话说回来，因为金酒的风格十分强烈，听说只要一迷上，就会沉醉在它的魅力之中无法自拔。自古以来，为金酒疯狂的人屡见不鲜。英国前首相温斯顿·丘吉尔就是其中之一，其沉迷于马丁尼（素有“鸡尾酒之王”美誉的金酒）的逸事一直为人们所津津乐道。还有美国的诺贝尔文学奖获得者，以《战地钟声》《永别了，武器》《老人与海》等著作而闻名于世的海明威，据说也是金酒的迷恋者，即使在做战地记者的时候，也不忘随身携带金酒和苦艾酒，有时甚至还会在战场上调制马丁尼来喝。

IMPORTED
BOMBAY
SAPPHIRE
Distilled
LONDON
DRY GIN
IMPORTED
75cl℮
47% vol

HAYMAN'S
HAYMAN'S™
OLD TOM
GIN
DISTILLED FROM AN
ORIGINAL OLD TOM GIN RECIPE
HAYMAN DISTILLERS
LONDON, ENGLAND

坚持采用英国的传统做法
诞生于日本的清爽型干金酒

威金森金酒47.5°
酒精浓度47.5%
容量720毫升

1889年，英国人克利夫德·威金森在兵库县发现了天然的碳酸矿泉，为了纪念他的这一伟大发现，便用他的名字为金酒命名。不过威金森金酒却是日果威士忌股份有限公司在日本授权生产的。以精挑细选的十几种优质药草为原料，酿出纯度非常高的蒸馏烈酒，再用独家的配方浸渍，而后经过金酒蒸馏器的再次蒸馏，便成了这款带有独特的清爽香气且平衡感极佳的干金酒。

主要产品

威金森金酒37°
酒精浓度37%
容量720毫升
＊该品牌下也有伏特加出售，如威金森伏特加50%（50%/720毫升）、威金森伏特加40%（40%/720毫升）等。

以独创配方酿出的全球最畅快的干金酒

白金级的伦敦干金酒伦敦之丘诞生于1785年，由以苏格兰威士忌闻名于世的伊恩·麦克劳德公司制造、出售。其采用12种以上天然香草和香料，以双重蒸馏的传统酿造方法精心酝酿而成，味感分明，清爽宜人，且带有淡淡的甘甜，可直接饮用，也可调成鸡尾酒饮用，有着良好的口碑，更是在多次有名的“国际葡萄酒暨烈酒竞赛”中获得金奖。也正因为如此，其配方一直都被视为商业机密。

伦敦之丘干金酒
酒精浓度47%
容量700毫升

小常识

以前的伦敦金酒只有40度，比现在的度数低；在瓶身的设计上，也与现在大不相同。以前的设计风格是把高雅的白色酒标贴在浅绿色的玻璃瓶上，这样的设计也让很多人想起了那个美好的古老年代。在此要提醒大家，有时候也会拿以前的瓶子出来介绍，所以要特别留意。

英国海军御用的干金酒
备受世界各地的调酒师推崇

普利茅斯金酒
酒精浓度41.2%
容量700毫升

普利茅斯蒸馏酒厂坐落在普利茅斯港，创立于1793年，是英国目前仍在运作的金酒蒸馏酒厂中最古老的一家。位于英格兰西南方的普利茅斯港同时也是英国的海军基地，所以该酒也就理所当然地成为英国海军御用的干金酒，被发放给海军的高级士官，从而推广到世界各地。其口感温柔细腻，又带有独特的甘醇，也只有用传统的制造方法才能酿造出来。此外，该酒还是备受世界各地的调酒师推崇的一款干金酒，被视为英格兰金酒的象征，在鸡尾酒的圣经《萨伏伊鸡尾酒指南》里，它的出现频率也是非常高的。也可使用在吉普森或干马丁尼的创意花式调酒里。

小常识

在私家侦探菲力普·马罗非常喜爱的螺丝起子的原创配方里，就有这款普利茅斯金酒。它与玫瑰公司的可媞尔莱姆果汁搭配，便调出了这款鸡尾酒。

用伦敦绅士俱乐部命名的温柔细致的苏格兰金酒

苏格兰产的金酒在金酒里并不常见。博德斯金酒诞生于1845年，其名称来自1762年在伦敦圣詹姆士设立的“博德斯绅士俱乐部”。由于在酿制的过程中是利用减压蒸馏的方式把植物性成分（botanical）调入谷物蒸馏酒中来增添香味，不含柑橘类的成分，因此会产生浅淡甘甜的清爽风味和细腻温柔的口感。值得一提的是，它的瓶子也很特别，据说是由西格拉姆公司的创办人布朗夫曼设计的。

博德斯大不列颠金酒
酒精浓度45.2%
容量750毫升

小常识

苏格兰产的金酒十分少，除了博德斯外，在日本比较流行的当属亨利爵士金酒（HENDRICK' S GIN）（44% / 700毫升）。这款金酒由苏格兰威士忌的制造业者酿造，利用玫瑰的花瓣和小黄瓜制造出特别的香味，非常具有吸引力，是一款个性十足的金酒。

用祖传秘方酿制而成 以伦敦塔的卫兵为标志的干金酒

英人牌金酒
酒精浓度47%
容量700毫升

英人牌金酒是药剂师詹姆士·巴罗在1820年研制出来的，其配方如今已经传到了首席蒸馏师德斯蒙·佩内手中。用来增添香味的植物性成分都是佩内亲自挑选的。其特色在于痛快直接的风味中还带有浓郁的香气，堪称伦敦干金酒的代表。瓶身上守卫伦敦塔的卫兵（BEEFEATER）非常醒目，个性十足。

主要产品

英人牌金酒40度
酒精浓度40%
容量700毫升

蓝宝石般的瓶身里装着蒸馏到极致的钻石级金酒

采用1761年的古老配方精心酿制而成的庞贝蓝钻特级金酒华丽而又高贵，堪比鸡尾酒，是钻石级的伦敦干金酒。其选用100%的优质谷物酿造成谷物蒸馏酒，再将其放进传统的马车头蒸馏器里，反复多次蒸馏，蒸馏到极限，使其只能吸收最好的香味，虽然加入的10种植物成分都是从世界各地精心挑选出来的，也还是要优中选优。光是从瓶子里倒出来，就已经让人为之沉醉了。再加上其蓝宝石般的瓶身，就更是让人不得不拜倒在其瓶下了。

庞贝蓝钻特级金酒
酒精浓度47%
容量700毫升

主要产品

庞贝干金酒
酒精浓度40%
容量700毫升

以琴汤尼的基酒闻名的英国皇家御用酒

高登伦敦干金酒40%
酒精浓度40%
容量700毫升

1769年，亚历山大·高登在伦敦的泰晤士河畔设置了蒸馏酒厂。直到现在，也仍然在使用最初的以香草和高品质的植物性成分为主的秘方。从1858年调制出世界上第一杯琴汤尼至今，在伦敦，只要提到“G&T（GIN AND TONIC）”，指的就是这个以高登为基酒的琴汤尼。1898年，高登公司与查尔斯·坦奎瑞公司合并，并将公司改名为坦奎·高登公司，其生产的产品畅销全球140多个国家。

主要产品

高登伦敦干金酒47.3%
酒精浓度47.3%
容量750毫升

170年来固守着从不外传的原始配方 通过4次蒸馏酿造出明快利落的风味

1830年，20岁的查尔斯·坦奎瑞在伦敦布卢姆茨伯里建立蒸馏酒厂，并立志要酿造出世界上品质最高的酒。经过多次试验研究，坦奎瑞终于找到了让自己满意的答案。他采用4次蒸馏法进行酿制，酿出的酒爽口明快，丝毫没有任何拖泥带水的感觉。至于其配方，则一直都是最高机密，迄今已经传承了170多年。最有争议的是坦奎瑞干金酒的瓶身，有人说其设计灵感来自伦敦18世纪时的消防栓，也有人说是根据花式调酒器设计而成的，不过这都不能影响其魅力。采用天然的植物成分(Botanical)酿造而成的坦奎瑞第10号金酒是超级白金级金酒。

坦奎瑞伦敦干金酒
酒精浓度47.3%
容量750毫升

主要产品

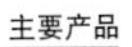

坦奎瑞第10号金酒
酒精浓度47.3%
容置750毫升

英人牌嫡系亲属推出的一款克隆版老汤姆金酒

海曼老汤姆金酒
酒精浓度40%
容量700毫升

闻名遐迩的海曼蒸馏公司是专家们指定的金酒制造公司，其经营者克里斯托弗·海曼是英人牌金酒创始人的曾孙。在他推出的产品中，最惹人关注的要数老汤姆金酒。这款酒融合着甘甜的糖分，入口柔和不刺激，曾在17～18世纪席卷了整个欧洲。据说这款老汤姆金酒重现了英人牌代代相传的祖传秘方，并加入了不同的植物成分，和蔗糖巧妙地融合在一起，口感非常棒。当然，伦敦干金酒也不容错过，据说这款酒是具有“金酒活字典”之称的克里斯托弗先生倾尽一生的得意之作。

主要产品

海曼伦敦干金酒
酒精浓度40%
容量700毫升

后起之秀推出的高品质干金酒

品酒师伦敦干金酒
酒精浓度41.6%
容量700毫升

品酒师是2009年才创立的后起之秀，蒸馏酒厂位于伦敦西部的汉默史密斯，其腹地是已故的著名威士忌评论家麦可·杰克逊的办公室遗址。该厂采用铜质的迷你型蒸馏器，以每次200瓶左右的小批量生产方式生产。在伦敦，利用铜制蒸馏器酿酒在此之前的很长一段时间几乎都已经看不到了，据说其上一次出现还是在1820年。采用传统的酿造方法，并严格挑选10种植物成分通过合理配比酿造，再加上严格控制产量，才成就了如此高品质的酒品和微辣的风味。此外，同样以小批量的生产方式生产的威士忌也有着绝佳的风味。

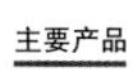

主要产品

品酒师大麦伏特加
酒精浓度40%
容量700毫升

柑橘香味分明
全美最畅销的金酒

这是在美国最畅销的金酒品牌。1939年由加拿大蒸馏酒制造厂西格拉姆公司推出，但现在其商标的所有权则在保乐·利加。酒中散发着轮廓分明的柑橘系香味，且具有圆润顺滑的口感与柔和雅致的成色，这与其长时间窖藏在橡木桶中不无关系。在瓶身设计上，则反其道而行之，采用如贝壳或海星的纹路般凹凸不平的波纹状瓶身设计，与酒本身形成反差，正如其广告语所云，将“柔顺的金酒装在凹凸不平的瓶子里”（the smooth gin in the bumpy bottle），自上市以来就深受喜爱，并成了美国最畅销的金酒。

西格拉姆金酒
酒精浓度40%
容量750毫升

小常识

日本人较为熟悉的西格拉姆公司是与麒麟合并后的麒麟西格拉姆公司（1972—2002年），当然，这个公司现在已经解体了，不过到目前为止，西格拉姆公司生产的加拿大威士忌“西格拉姆VO”和“皇冠”（参考P96）却依然由麒麟销售。

通过代代相传的手艺细心酿造
弥漫着厚重气息的荷兰老字号金酒

荷兰金酒被视为金酒的起源，而北方金酒则是荷兰金酒中最具代表性的品牌。北方金酒始创于1674年，由精通古法酿酒的工人们采用代代相传的古老酿造技术，精心酿造而成。将玉米和裸麦混合进大麦麦芽中，一起发酵、蒸馏之后，再加入杜松子（杜松的果实）和几种不同的香料，然后用橡木桶进行熟成。这样，麦芽的香气、香料的香气便在长期熟成的金酒中相互交融，进而形成一种别具一格的成熟风味，其散发出来的厚重感绝不比有年份的苏格兰威士忌逊色。手写的酒标也凸显出其绝伦的纯手工制作的精美。

北方金酒15年
酒精浓度42%
容量700毫升

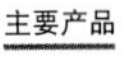

主要产品

荷兰金酒20年
酒精浓度42%
容量700毫升
年轻的荷兰金酒
酒精浓度38%
容量700毫升

瓶身设计独特的史坦因海卡金酒

德国火腿金酒
酒精浓度38%
容量700毫升

史坦因海卡金酒是德国特产的金酒，而德国火腿金酒则是史坦因海卡金酒的两大品牌之一，由创立于1860年的名门海特公司生产制造。海特公司位于德国北部的埃姆斯河沿岸，距史坦因海卡金酒的诞生地施泰因哈根大约130公里。其采用新鲜的杜松子作为原料，酿造出的酒非常温和。名字中的“Schinken”在德文中即是“火腿”的意思。在德国，由于火腿常常被拿来当作金酒的下酒菜，所以就有了“火腿金酒”这个名字，而酒标上的火腿和黑麦面包，也与其名字相呼应。

小常识

海特公司制造的利口酒也非常有名，其中最具代表性的是作为伏特加基酒的薄荷利口酒“酷势力”，具有透明的蓝色成色，口感清爽。
酷势力(Cool Power)
酒精浓度15%
容量700毫升

遵循18世纪的古方
成为德国特产的德国乡下酒

这是史坦因海卡金酒中最具代表性的品牌。从在德国西部小镇施泰因哈根酿造的乡下酒，到德国金酒的代表，这是创立于1863年的西利西特公司创造的奇迹。西利西特公司一直遵循着1776年的传统配方，采用单式蒸馏器对大麦进行2次蒸馏，并在托斯科尼产的新鲜杜松子蒸馏后的蒸馏液中加入香料。如此便可酿造出这款口感温和柔顺、气味芳香独特的酒品。很多人都推荐在饮用啤酒之前先喝上一杯西利西特金酒，这也不失为一种美妙的饮用方式。

西利西特史坦因海卡金酒
酒精浓度38%
容量700毫升

小常识

与2次蒸馏的史坦因海卡金酒相比，西利西特的另一个主打产品“西利西特乌鲁布兰特”则更加圆润温和、清澈透明，不过该产品现在已经基本停产。

——金酒与利口酒的密切关系——

名为黑刺李金酒的利口酒

金酒含义广博，可在饮用时放糖及其他调味剂。和利口酒差别不大，难以区分。尤其像Sloe Gin（黑刺李金酒）这样的利口酒，名字中就含有金酒两个字，这就更加难以区分了。

黑刺李金酒是用一种被称为黑刺李的西洋李酿成的利口酒，其名字源自以前英国的家庭里有将其浸泡在金酒里腌渍酿造的习惯，如今已经由高登公司等企业推出。

最早的酿酒公司——博斯

博斯公司是很有名气的黑刺李金酒厂商，总部位于荷兰，早期是一家金酒制造商，正因为这个缘故，很容易引起误会。1575年，博斯公司在鹿特丹近郊创立，是目前世界上最古老的蒸馏公司。金酒在17世纪的荷兰处于一种举足轻重的地位，一直保持着传统酿造工艺，后来才演变成各种各样的利口酒厂商。现今日本的主要产品是利口酒，主打产品的瓶身五颜六色，十分吸引眼球。

迪凯公司

迪凯公司于1695年正式建立，是与博斯公司齐名的荷兰酿酒公司。像一些公司一样，迪凯公司也是以酿造金酒起家的，后来才开始生产各式利口酒，并进入国际市场。如今，其出口的国家已经突破百家。荷兰女王在1995年赐予迪凯公司“皇家蒸馏者”的称号，与此同时，迪凯公司推出了300周年纪念金酒。虽然在日本消费者的脑海中还是利口酒制造者的印象最为深刻，不过骨子中还是流淌着荷兰金酒的血液。

伏特加

Vodka

伏特加的基础知识

历史与概述

若选出一款能代表俄罗斯的蒸馏酒，伏特加绝对是不二之选。据说早在帝政时期就流传着皇帝也爱好此酒的传闻，并随之发展成全国都爱的酒品。关于酒的起源，则说法不一，有一种说法称其是12世纪农民喝的地方酒，还有一种说法称其早在12世纪之前就已经在波兰出现了。东欧人与北欧人都酿造这种酒，在欧洲与威士忌和白兰地齐名。

最早只是采取将裸麦等糖化、发酵，再蒸馏等简单的制作工艺，到了19世纪初期，才开始利用白桦活性炭进行过滤，后来又采用了连续蒸馏方式，持续不断地更新着酿造技术。不仅如此，原料也采用过玉米及马铃薯，这才有了现今口感较柔又味道纯净的伏特加。

1917年，十月革命爆发，从而使得一部分白俄罗斯人逃到了法国及美国，这其中也包括一些酿酒者。这些人到了那里后，便在当地酿造起了伏特加。巧在当时的美国正在解除禁酒法，因此新推出的伏特加也就成了大家关注的焦点。再加上当地很流行鸡尾酒，而伏特加又非常适合作为鸡尾酒的基酒，所以很受大众喜爱。现如今，其产量已超越了俄罗斯原产的伏特加，坐拥世界第一的宝座。目前，日本也有几家伏特加制造商，也是十月革命时逃亡到日本的俄罗斯人创立的。[注：伏特加曾被称为“Zhiznenia Voda”（生命之水），后来才改为“vodka”。]

原料与制造方法

在伏特加刚刚问世的时候，除了采用裸麦之外，还采用了蜜糖作为原料，后来才开始使用小麦、大麦等其他谷物，直到18世纪，才开始加入玉米和马铃薯，当然也有使用牛奶、水果、甜菜（beet）、甘蔗等为原料的。蒸馏酒其实和日本烧酒类似，都包含着不同的个性，但也正是因此才受到不同人士的欢迎。其种类可以大致分为通过一般方法酿造而成的标准型酒和加入水果或草根、树皮等各种香料的加味伏特加。加味伏特加的种类繁多，其中最为著名的要数波兰的添加了野牛草香料的野牛草伏特加。此外，还有采用苹果或梨的新芽、柠檬果皮、橘子以及酿造金酒时最为重要的原料杜松子或白兰地来增加香味的。

关于酿造方法，虽然从糖化到发酵再到蒸馏的过程与其他蒸馏酒并没有什么太大的区别，不过这种酒最显著的特点在于，将水加入通过蒸馏的方式萃取出来的酒精中，待酒精度降到40～60度之间时，再利用白桦和金合欢的活性炭进行过滤，这最后一道工序是其他蒸馏酒都没有的。据说通过这道工序过滤后，可以酿造出更为圆润温和的口感。除此之外，还有一些伏特加会蒸馏和过滤很多次，然后将过滤后的酒装进瓶子里。很多国家都把伏特加当作调制鸡尾酒（螺丝起子、咸狗等）的基酒，但是在原产地俄罗斯，几乎都是加冰后直接饮用。

在这本书中，将为大家分别介绍来自原产地俄罗斯、号称世界消费量第一的美国、传说中的起源地波兰以及同样历史悠久的北欧等地的伏特加。

值得一提的是，在2007年的日本赛马中，一匹母马出人意料地胜出，这与上一次母马胜出相隔了64年，而这匹制造话题的母马就叫作“伏特加”。可以肯定的是，这些赛马狂粉们一定会用伏特加举杯庆祝。

与鱼子酱绝配
原产莫斯科的伏特加

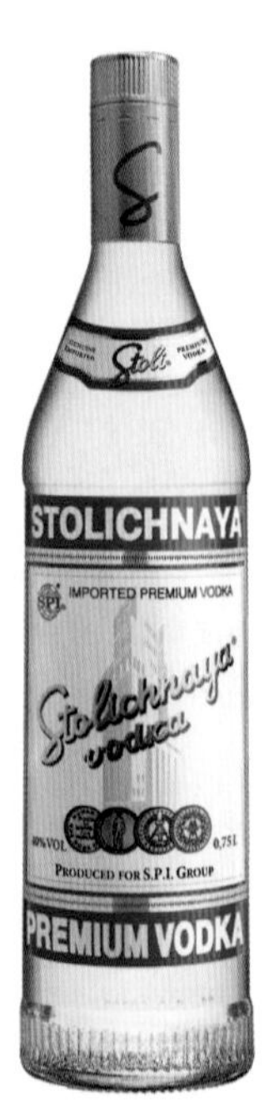

苏托力伏特加40°
酒精浓度40%
容量750毫升

苏托力(Stolichnaya)在俄罗斯语里意为“首都的”。由此不难推测，这款伏特加诞生于莫斯科，时间则是在1901年。酒标上的建筑物为莫斯科饭店，映衬出了这段历史。作为原料的大麦和裸麦均来自于自家农场，并采用高纯净的井水进行酿造，再经过连续的蒸馏，配以石英砂和白桦炭过滤，便成就了口感温和柔顺的苏托力伏特加。推荐冰镇后饮用或加入冰块饮用。

主要产品

苏托力香草口味
酒精浓度37.5%
容量750毫升
苏托力柳橙口味
酒精浓度37.5%
容量750毫升

冠以俄罗斯皇帝御用的美誉
闻名遐迩的正宗伏特加

1864年，彼得·A.思美洛一手造就了此款佳酿。在得到当时俄罗斯的皇帝亚历山大三世极高的赞誉并成为御用的伏特加之后，便享誉世界，流传各国，其销量在白金级蒸馏酒中世界第一。代表品牌No.21剔透、纯净、清爽，非常适宜调成鸡尾酒来饮用。至于酒精度数较高的蓝标及柔和圆润、具有多层次口味的黑标，则可直接饮用或加冰块饮用，都很好喝。

思美洛NO.21
酒精浓度40%
容量750毫升

主要产品

思美洛蓝标
酒精浓度50%
容量750毫升
思美洛黑标
酒精浓度40%
容量700毫升

以单一的制造和管理方式生产
产自瑞典的白金级伏特加

瑞典的伏特加历史始于15世纪，而承袭了这段历史的绝对伏特加则于1879年在瑞典南部奥胡斯的蒸馏酒厂里诞生。从那以后，其所有的生产（包含原料在内）都在奥胡斯进行单一的制造和管理。采取连续式蒸馏法进行过滤。其特色在于芳香馥郁、味道甘醇、口感柔润温和、酒体饱满，再加上其形如药罐子般的独特瓶身，使其在1979年进军美国时便一举成为时代的宠儿。绝对伏特加有多种不同的口味可供选择，如柠檬、莱姆、柑橘、黑加仑、薄荷等。

绝对伏特加
酒精浓度40%
容量750毫升

主要产品

绝对伏特加柠檬口味
酒精浓度40%
容量750毫升
绝对伏特加黑加仑口味
酒精浓度40%
容量750毫升

令人联想起冰河的芬兰伏特加

在芬兰美丽的自然环境中，孕育出了白金级的芬兰伏特加。其原料采用100%沐浴在和煦的阳光下的六棱大麦，作为酿酒用水的冰河水则要经过自1万年以前的远古时代便开始逐渐形成的冰碛石的层层过滤，再配以传统的蒸馏技术，还要经过200道以上的工序，才能酿出这沁人心脾的好味道。冰镇后味道更加明显，因此也是颇受好评的清爽型鸡尾酒。瓶身独具创意，以冰和冰河为设计元素，夺人眼球，此酒风靡100多个国家。

芬兰伏特加
酒精浓度40%
容量700毫升

小常识

伏特加在芬兰语中写作“votka”。在芬兰，比较有名的是“Koskenkorva”（卡罗索夫）伏特加（酒精度：60度）。

将来自世界遗产的香草融入其中 如森林般的嫩绿芬芳

野牛草伏特加
酒精浓度40%
容量700毫升

这是波兰的一个知名品牌，拥有长达100多年的历史，由珀莫斯·毕亚里斯托公司创立。在日本，这款酒也非常受欢迎。其最大的特色即在于萃取了野牛草的香草精华融入其中，而且每一瓶都以手工的方式装入一整根野牛草——野牛草又名茅香，只有在世界遗产“比亚沃韦扎森林”中才能获得——带有淡淡的橄榄绿，令人一闻就能联想到森林的芬芳，因此大受欢迎。专业级的野牛草伏特加酒精浓度较高，非常有味道，且干脆分明。

主要产品

专业级野牛草伏特加
酒精浓度52%
容量500毫升

号称在波兰市场销量第一
没有异味的纯净蒸馏酒

亚伯索罗文伏特加诞生于1995年。它仅仅用了两年多的时间便成为波兰伏特加的王牌，其销量在700多种波兰伏特加中高居榜首，直至今日也依然如此。以裸麦为原料，经过7次蒸馏，尽可能将杂质全部去除，使其成为真正的纯净蒸馏酒。相关的研究（2009年华沙生物科技研究所调查）结果也显示，这确实是一款完全不含乙醛和甲醇的伏特加，而乙醛和甲醇正是造成宿醉的元凶。其品种除了白金级伏特加，还有一款香草味浓郁的白金级金酒。

亚伯索罗文白金级白兰地
酒精浓度40%
容量700毫升

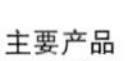

亚伯索罗文白金级金酒
酒精浓度40%
容量700毫升

名字诗情画意
享誉全球的波兰伏特加

维波罗瓦精致伏特加
酒精浓度40%
容量700毫升

维波罗瓦伏特加可以说是波兰伏特加的代表。在波兰语中，维波罗瓦（WYBOROWA）即是“顶级的”“特别的”之意。在众多国际性的竞赛中，维波罗瓦都获得了极高的评价，还曾发生过评审大叫其名字的插曲。这款酒采用100%的裸麦酿造，口感清爽顺滑，弥漫着麦糠的香气，味道非常雅致。其瓶身如香水瓶般精美漂亮，让人印象深刻，这款独特的瓶身是该酒2004年在美国上市时由世界级的建筑师法兰克·盖瑞设计的。

小常识

有两种维波罗瓦吗？很多人心中都会有这样的疑问。这主要是因为酒标发生了变化。变化发生在2007年，酒标从“WYBOROWA SINGLE ESTATE”（维波罗瓦单一产区伏特加）改成了“WYBOROWA EXQUISITE”（维波罗瓦精致伏特加）。“EXQUISITE”在英文中的意思是“绝妙”，据说之所以改成这样是因为要在美国上市，当然，产品本身是没有任何变化的，包括瓶身的形状也是没有变化的。

诞生于伏特加原产地的正统派 纽约贵妇们钟爱的高品质蒸馏酒

这是一款精致的伏特加，和其他顶级的伏特加一样受到了很高的礼遇，并改变了传统伏特加给人的印象。诞生于波兰的雪树伏特加在进入美国市场后，便在纽约的上流社会闯出了一片天。它仅仅使用了一种品质最高的裸麦作为酿造原料，并使用柔软度精确到0的超软水，在进行4次蒸馏后，再通过3次品质管理检测，才酿造而成。其口感柔和顺滑，带着淡淡的甘甜和香草般的清香。用这款伏特加调制鸡尾酒非常好喝，但最值得推荐的是加冰饮用，特别是在其变得透心凉后再喝，会更加完美。在波兰的原文名称来自贝尔维德宫，酒标上的图案非常精致、漂亮。

雪树伏特加
酒精浓度40%
容量700毫升

——备受瞩目的波罗的海三国的伏特加——

波罗的海三国是指位于波罗的海东岸的3个国家，即爱沙尼亚、拉脱维亚和立陶宛。这3个国家都是伏特加的消费大国，因此它们也都酿造属于自己的伏特加。其中，爱沙尼亚和立陶宛产的伏特加各具特色，在品酒家之间备受瞩目。但拉脱维亚产的伏特加在日本却很难喝到，非常可惜。

采用高品质的小麦和天然水酿造而成的爱沙尼亚伏特加

VIRU VALGE

温芝伏特加

爱沙尼亚位于波罗的海三国的最北边，跟俄罗斯的关系无需多言，和北欧的关系也非常密切，被视作伏特加的故乡之一。在1898年创业的利比可公司，直到1997年都一直在专注销售以酒精饮料为主的产品，而他们所生产的“爱沙尼亚伏特加”则可以说是足以代表爱沙尼亚的国家性佳酿。其采用100%的高级小麦以及富含矿物质的天然水为原料，口味温和清爽。

温芝伏特加

酒精浓度40%/ 容量700毫升

颠覆传统伏特加形象的立陶宛伏特加

SAMANE

沙门伏特加

原本是立陶宛每家每户都会酿造的传统酒，在1998年由亚利塔公司购买版权后开始批量生产。主要采用100%的裸麦作为原料，并利用传统的酿造工艺酿造而成。酿出的伏特加散发着淡淡的好似刚出炉的烤面包的香味，非常有特色。由于在酿造过程中采用了有别于一般伏特加的酿造方法，再加上口感圆润饱满，故又有“立陶宛烧酒”的独特称号。在橡木桶中熟成的亚卓林·沙门伏特加芳香醇厚、柔和圆润，让人联想到非常高级的威士忌。

亚卓林·沙门伏特加

酒精浓度50%/ 容量500毫升

朗姆酒

Rum

朗姆酒的基础知识

历史与概述

世界上绝大部分蒸馏酒都是以土生土长的谷类或水果等为原料自然产生的，当然也有少部分是偶然诞生的。只有金酒是以药用为前提酿造出来的，但实际上，它的原料或香料也还是原本就有的裸麦或杜松子。在蒸馏酒的世界里，只有朗姆酒有着特殊的诞生秘密。

16世纪前后，加勒比海群岛（西印度群岛）以及中美洲、南美洲北部成为了西欧各国的殖民地。在西欧统治期间，甘蔗（朗姆酒的主要原料）由西欧各国流入了上述地区——在此之前，这些地区是不种植甘蔗的——进而酿成了朗姆酒。

与大部分被称为"生命之水"的医用蒸馏酒相比，朗姆酒的历史则显得有些沉重。作为西欧各国的殖民地，甘蔗的引进也无非是为了给西欧各国带来利益。据了解，这些地方的劳动力并不充足，所以便从遥远的非洲买来大量的奴隶，而奴隶买卖所需要的资金就是利用甘蔗酿造出的朗姆酒得来的。尽管如此，创造它的人还是给它注入了积极的生命力，这一点从它的名字中就可以看出。朗姆酒的语源是"rumbullion",有"兴奋"之意。希望人们可以从它的名字中感受到拉丁民族的兴奋和自由奔放的气息……

朗姆酒诞生于17世纪。关于它的酿造方法的起源，有多种说法，有的说来自于西班牙人，也有的说来自于英国人，至今也没有形成定论。但不可否认的是，朗姆酒是18世纪在欧洲流传开来的。与此同时，在加勒比海群岛酿造的朗姆酒也开始推广到周边的国家。据说在欧洲，朗姆酒成为英国海军的常备酒，常常用来鼓舞机械室的士兵们，发挥着十分大的作用。

原料与制作方法

综上所述，朗姆酒的原料是甘蔗。制作方法则与欧洲的蒸馏酒如出一辙，也可以说它是以欧洲蒸馏酒的制作方法为基础的。它们最大的区别在于，由于殖民地所属国(英国、法国、西班牙）不一样，所以在制造技术上也会有些许的出入，从而酿出了现在多品种的朗姆酒。一般情况下，朗姆酒可以按照颜色和风味分成3大类。按颜色分，可分为白色朗姆酒、金色朗姆酒和黑色朗姆酒；按照风味分，则可分为淡香朗姆酒、浓度介于中间的朗姆酒和浓香朗姆酒。

白色朗姆酒无色透明；金色朗姆酒则是使用焦糖之类的东西加在白色朗姆酒里添色而成；黑色朗姆酒是用橡木桶熟成的朗姆酒，也有很多是再利用焦糖酿成褐色的朗姆酒。19世纪后期，人们开始使用连续式蒸馏器酿制朗姆酒，有着轻盈芳香的就是淡香朗姆酒；而浓度介于中间的朗姆酒则产于法国的殖民地，一般由淡香朗姆酒和浓香朗姆酒调和而成，香味适中，颜色各异；浓香朗姆酒芳香浓郁，以橡木桶熟成、年份较久的会成为黑色朗姆酒，也有进一步再用焦糖着色的。

提到朗姆酒，很容易让人想到电影《加勒比海盗》系列作品（第一部于2003年上映）里的画面——由约翰尼·德普所演的海盗船船长和船员们喝朗姆酒的画面，这样的画面在影片中出现了好几次。就像前面所说的“朗姆酒是英国海军的常备酒”一样，朗姆酒也是当时船员们不可或缺的美酒。这部电影在英国掀起一阵朗姆酒的热潮，听说其销量增长了30%。同样，在日本，朗姆酒的销量也有微幅的增长。

以象征幸运的蝙蝠为商标
号称全球第一的朗姆酒

百加得陈酿(白标)
酒精浓度40%
容量750毫升

百加得朗姆酒非常著名，它以蝙蝠的商标广为人知，在全世界的朗姆酒排名中居于榜首。

据说在19世纪下半叶，葡萄酒商唐·法卡多·百加得从西班牙移民到古巴，以其毕生的研究所得终于成功地酿造出优雅精致又圆润温和的朗姆酒。此后，有着独特柔顺风味的百加得朗姆酒便与其他的朗姆酒拉开了距离，并很快成为知名的国际品牌。其主力产品有调制鸡尾酒不可或缺的陈酿、浓郁甘醇的金朗姆酒和强烈的151等。

主要产品

百加得金朗姆酒(Oro)/酒精浓度40%/容量750毫升
百加得151/酒精浓度75.5%/容量750毫升
百加得黑朗姆酒/酒精浓度37.5%/容量750毫升
百加得陈酿8年/酒精浓度40%/容量750毫升
百加得柠檬朗姆酒/酒精浓度35%/容量700毫升

馥郁的芳香与浓烈的甘甜交织融合 “平易近人”的黑色朗姆酒

麦尔斯朗姆酒是日本人最熟悉的黑色朗姆酒。其创始人弗列德·刘易斯·麦尔斯本是牙买加的砂糖农园老板。1879年，他开始酿造朗姆酒。精选20种原酒装入白橡木做成的橡木桶里熟成，4年后，再以祖传的技术调和，便成就了将馥郁的芳香和浓烈的甘甜合二为一的麦尔斯朗姆酒。它也可以作为西点的原料。另外，近年来面世的白金级白色朗姆酒口感温和圆润，是淡香型的白色朗姆酒。

麦尔斯原创黑色朗姆酒
酒精浓度40%
容量700毫升

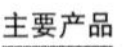

主要产品

麦尔斯白金级白色朗姆酒
酒精浓度40%
容量750毫升

在丰饶的甘蔗园里诞生
是牙买加最古老的传统派朗姆酒

阿波敦12年朗姆酒
酒精浓度43%
容量750毫升

J.瑞&耐辉公司创立于1825年，支撑着牙买加的朗姆酒文化，而阿波敦朗姆酒则是其代表品牌。约翰·阿波敦是一名来自英国的农园主，在牙买加南海岸的英国殖民地开拓农园，阿波敦朗姆酒就是采用阿波敦农园里优质的甘蔗与纯度极高的天然水酿造而成的。在酿制时则是以传统的单式蒸馏器方式进行蒸馏，再装进橡木桶里熟成，便可成就芳香甘醇的黑色朗姆酒。最为著名的是12年的阿波敦朗姆酒，足以与有年份的干邑白兰地或麦芽威士忌相媲美。另外，阿波敦白色朗姆酒则广泛用作鸡尾酒的基酒。

主要产品

阿波敦白色朗姆酒
酒精浓度40%
容量750毫升
阿波敦金色朗姆酒
酒精浓度40%
容量750毫升
阿波敦5年朗姆酒
酒精浓度40%
容量750毫升

产自举世闻名的马提尼克
甘蔗香甜浓郁的AOC朗姆酒

克莱蒙堡朗姆酒创立于1887年，蒸馏酒厂坐落于加勒比海的马提尼克岛（法国的一个海外省）上。其采用传统的农业制造方法，用100%的甘蔗汁进行发酵，再以连续式蒸馏器进行蒸馏，从而酿造了具有十分浓郁的甘蔗香甜的朗姆酒，其等级也达到了AOC等级。其温和柔顺的口感、各种香料及水果等异常丰富的香味，都使其魅力十足。在国际性的蒸馏酒竞赛中，该酒也获得了十分高的评价。

克莱蒙堡
VSOP老朗姆酒
酒精浓度40%
容量700毫升

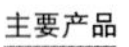
主要产品

克莱蒙堡10年老朗姆酒
酒精浓度54%
容量700毫升

用农业制造法酿出的法式克里欧罗朗姆酒

三河牌白朗姆酒
酒精浓度50%
容量700毫升

产自法国马提尼克岛的蒸馏酒，都可以被称为法式克里欧罗朗姆酒。三河牌朗姆酒即是其中的一种。在法语中，三河牌（Trois Rivieres）是“3条河流”的意思，这里所说的“3条河流”是指流经自家120公顷农园的河流。其采用AOC规定的酿造方法酿造，即把榨取出来的甘蔗汁发酵，然后再进行蒸馏，从而酿出极富深度的香气与味道，足以与有年份的干邑白兰地或麦芽威士忌匹敌。不同的朗姆酒，其风味也各不相同，如白朗姆酒优雅、芳香，而熟成朗姆酒则具有些许复杂的香气与强烈的味道。

主要产品

三河牌5年朗姆酒
酒精浓度40%
容量700毫升
三河牌1999年朗姆酒
酒精浓度42%
容量700毫升

被誉为超越朗姆酒的朗姆酒
体现出法国佳酿的传统与格调

大约300年前，法国的贵族就在马提尼克岛上进行了大规模的甘蔗种植。而迪伦蒸馏酒厂就是在那个时候出现的，它也是马提尼克岛上历史最为悠长的蒸馏酒厂之一。在那之后，迪伦蒸馏酒厂在历史的洪流中几度兴衰，终于在1967年在波尔多著名的酿酒公司巴迪尼公司手中重获新生。其利用100%的甘蔗糖液，按照AOC规定的制造方法进行酿造，并放入橡木桶中长期熟成，具有馥郁的芳香和浓烈的甘甜味，可与法国的干邑白兰地媲美，为最高等级的朗姆酒，素有“超越朗姆酒的朗姆酒”之美誉。

迪伦经年陈酿朗姆酒
酒精浓度43%
容量700毫升

小常识

巴迪公司生产的“贵夫人朗姆酒”也十分有名。它以迪伦等在西印度群岛蒸馏的朗姆酒为原酒，运输至法国的波尔多熟成，再加以调和而成。用在甜点上很受欢迎。主力产品有“贵夫人朗姆酒44度”“贵夫人朗姆酒37度”“贵夫人朗姆酒40度”“加倍芳香54度”等。

传承百年的佳酿
古巴朗姆酒的最佳杰作

哈瓦那俱乐部
陈年白标
酒精浓度40%
容量750毫升

哈瓦那俱乐部蒸馏酒厂创立于1878年，后来划归国有，但还是继承了传统的土地、工人、酿法、环境等。其口感清新甘甜，又带有果味的芬芳，在原汁原味的古巴朗姆酒中实属罕见，堪称古巴朗姆酒的最佳杰作。陈年白标是在橡木桶中熟成2年以上的白色朗姆酒，是一种非常有名的鸡尾酒基酒。7年熟成的黑色朗姆酒可以直接饮用，也可以加冰块饮用。

主要产品

哈瓦那俱乐部3年
酒精浓度40%
容量750毫升

禁酒法时代唯一的特例
正统派的阿勒比朗姆酒

说到阿勒比朗姆酒的代表，非朗立可莫属。朗立可蒸馏酒厂于1860年在波多黎各创立，当时的波多黎各还是美国的自治领地，且正处在美国的禁酒法时代，而朗立可蒸馏酒厂作为唯一被许可酿造的蒸馏酒厂，其知名度自然不言而喻。在西班牙语中，朗立可的意思是“风味奢华浓郁的朗姆酒”。其特征是具有正统派的偏干风味。151的酒精浓度十分高，一口入喉即让人印象深刻。金色朗姆酒则温和柔顺得多了，加入柠檬或者莱姆，再加点冰块，就可以饮用了。白色朗姆酒的风味十分顺口，也可作为鸡尾酒的基酒。

朗立可151
酒精浓度75.5%
容量700毫升

主要产品
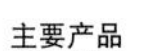

朗立可白色朗姆酒40度
酒精浓度40%
容量700毫升
朗立可金色朗姆酒40°
酒精浓度40%
容量700毫升

拥有200年以上的历史
以糖蜜为原料的奢华朗姆酒

圣泰瑞莎1796
酒精浓度40%
容量700毫升

圣泰瑞莎与派裴洛、酋长牌并称为委内瑞拉的三大朗姆酒厂牌。圣泰瑞莎创立于1796年，厂址在委内瑞拉的首都加拉加斯西南方向大约80千米的一个叫EI Consejo的小镇上。其原料为砂糖的结晶分解之后的糖蜜，经蒸馏之后，再与用橡木桶熟成的原酒调和，便成了奢华的圣泰瑞莎朗姆酒。主要产品有口感柔顺且带有独特橡木香味的典藏版、口感清爽且带有香草香味的淡香朗姆酒以及用长期熟成的原酒调和而成的1796等。

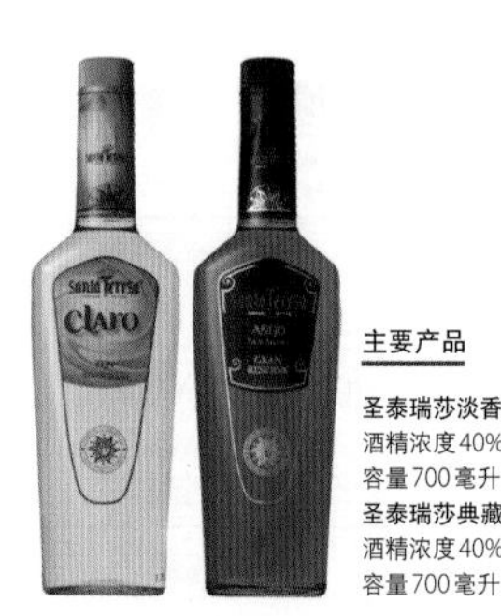

主要产品

圣泰瑞莎淡香朗姆酒
酒精浓度40%
容量700毫升
圣泰瑞莎典藏版朗姆酒
酒精浓度40%
容量700毫升

在危地马拉的云端上熟成
颠覆朗姆酒传统形象的浓郁风味

危地马拉位于中美洲西北部，盛极一时的古代玛雅文明即是在这里孕育发展的。在萨卡帕市成立100周年之际，为了纪念这个历史性的时刻，酿造了这款顶级的罗恩萨卡帕朗姆酒。它的色泽犹如金碧辉煌的法国干邑白兰地，口感柔和而浓郁，令人沉醉。其甘醇奢华的风味颠覆了朗姆酒给人的既有印象，令人赞叹不已。它只采取第一道甘蔗糖蜜细致地加以蒸馏，再把蒸馏出来的原酒运送到海拔2300米的高山上熟成。在此过程中，要反复换多次橡木桶，不断熟成，这也是其风味浓郁的秘密。据说，卷在酒瓶身上的丝带是用椰子的叶子手工编织的工艺品，出自于玛雅后裔之手。

罗恩萨卡帕23
酒精浓度40%
容量750毫升

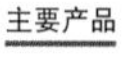

主要产品

罗恩萨卡帕XO
酒精浓度40%
容量750毫升

——日本的朗姆酒——

奄美群岛的甘蔗蒸馏酒

奄美大岛是奄美群岛中最大的岛屿，只要提到用甘蔗酿成的蒸馏酒，便会让人想到那里的黑糖烧酒。黑糖烧酒与朗姆酒的区别在于其原料不采用甘蔗榨出来的汁或糖蜜，而是采用黑糖，再以米糠发酵制成，不过据说最初也不是用米糠发酵，而是采用跟朗姆酒一样的酿造方法。

日本曾一度想要复活朗姆酒。1979年，在奄美群岛中的德之岛上的高冈酿造厂酿出了“琉球松鸦”朗姆酒，号称第二次世界大战后第一瓶日本产的朗姆酒。它以甘蔗为原料，经过3次蒸馏，再将所产生的原酒放进橡木桶里熟成，成为地道的金色朗姆酒，获得了较高的好评。

在小笠原的振兴活动中复活

朗姆酒与太平洋中一个连锁的火山岛——小笠原群岛有着很深的渊源。19世纪30年代，当地的欧美后裔曾经进行过捕鲸船和朗姆酒的交易。从此之后，甘蔗制糖业便变得兴盛起来。同时盛行起来的还有利用剩下来的废糖来酿酒。因为在第二次世界大战中战败，小笠原群岛曾一度归属于美国，后来才又归还日本。作为都市复兴的一环，设立了小笠原朗姆•利口酒厂。从1992年起，该酒厂开始出售白色朗姆酒。2004年，其他的酿酒公司也相继推出了白色朗姆酒。

龙舌兰酒

Tequila

龙舌兰酒的基础知识

历史与概述

随着西班牙的蒸馏方法传到墨西哥，龙舌兰酒也在墨西哥诞生了。据说墨西哥在3世纪的时候就有以龙舌兰草的汁液为原料酿造的酒，而著名的梅斯卡尔酒就是通过再将其进行蒸馏而得到的。在16世纪的文献资料里还留有相关的记录。因为18世纪在哈利斯科州的塔奇拉镇酿造的龙舌兰酒特别好喝，从此之后，“一提到梅斯卡尔酒，就不能不提到塔奇拉镇的龙舌兰”这种说法便流行开来，而龙舌兰之名也就此打响了。19世纪，龙舌兰酒走进了欧洲，但是真正为世人所瞩目，则是在1968年的墨西哥奥运会之后。它同时也是十分受欢迎的鸡尾酒基酒。值得一提的是，尽管墨西哥各地都有酿造梅斯卡尔酒的酒厂，但至今为止，只有经过哈利斯科州认定的梅斯卡尔酒才可以冠以龙舌兰的名称。

原料与制造方法

原料：龙舌兰。龙舌兰在墨西哥共有130多个品种，其中只有少数的几种可以作为酒的原料。有资格冠上龙舌兰之名的酒必须采用在哈利斯科州等五个州种植的蓝龙舌兰为原料，并且一定要在哈利斯科州内的蒸馏酒厂（也包括两个在州外的蒸馏酒厂）酿造。

制造方法：须经过2次以上蒸馏，萃取出酒精，再把水加到酒精里稀释，当稀释到35～55度时，就可以装瓶了，但绝大多数都是到40度左右出厂的。除了蓝龙舌兰外，通常还会加入甘油或木头的提取物、朱槿等来增加香味，只要蓝龙舌兰的占有率在51%以上，就可以冠上龙舌兰之名。如果采用100%的蓝龙舌兰制造，则可以称为纯龙舌兰酒。根据熟成的差异，可以分成未经熟成而直接装瓶的白色龙舌兰酒（Blanco）、至少熟成60

天的黄色龙舌兰酒（Reposado）、至少熟成1年以上的陈年龙舌兰酒（Reposado）和至少熟成3年以上的特级陈年龙舌兰酒（Muy Aňejo）。

龙舌兰
Agave

乌鸦的标志蕴含历史的秘密
在橡木桶中熟成的高级龙舌兰酒

1795年，荷西·安东尼奥·库弗在哈利斯科州创立了蒸馏酒厂，并为其品牌取名金快活（Jose Cuervo）。在西班牙语中，金快活就是乌鸦的意思，为了方便看不懂文字的人理解辨认，特别在酒标上贴上了乌鸦的图案，以此作为品牌的标志。在哈利斯科州的自家农园里，至今为止，还都是到龙舌兰田里以手摘的方式进行收取。其产品以使用了100%蓝龙舌兰的1800陈年龙舌兰酒最为高级。需要在橡木桶中熟成一年半以上，不仅香气扑鼻，而且还具有温和圆润的风味。

金快活特级龙舌兰酒
酒精浓度40%
容量750毫升

主要产品

金快活特级龙舌兰酒银标 / 酒精浓度40%/ 容量750毫升
金快活 1800 银标龙舌兰酒 / 酒精浓度40%/ 容量750毫升
金快活 1800 黄色龙舌兰酒 / 酒精浓度40%/ 容量750毫升
金快活 1800 陈年龙舌兰酒 / 酒精浓度40%/ 容量750毫升

在塔奇拉的淳朴工厂里诞生 葫芦型的瓶身人见人爱

塔奇拉镇是墨西哥哈利斯科州的一个小镇，位于镇上的卡米诺雷尔蒸馏酒厂有着超过70年的历史。从字面上看，其名称的意思是“高速公路”，但实际上却跟现代化扯不上一丁点关系，完全是一个淳朴的蒸馏酒厂。尽管如此，它的制作过程还是十分精细的。以龙舌兰的芯（在植物学上，指的是这种植物的鳞茎部分）为原料，经过萃取、发酵、无数次蒸馏后，再一瓶一瓶地仔细酿造而成的，有着极高的评价。其特色在于具有独特的强烈芳香和圆润顺畅的口感。瓶子的形状也十分特别，以当地农民作为水桶的葫芦为设计原型，深受大众的喜爱。

懒虫白色龙舌兰酒
酒精浓度35%
容量750毫升

主要产品

懒虫金色龙舌兰酒
酒精浓度40%
容量750毫升

MARIACHI

马里亚奇

与龙舌兰活泼的形象十分相符
名称取自为祭典增色的乐队

马里亚奇银色龙舌兰酒
酒精浓度40%
容量700毫升

马里亚奇龙舌兰酒选用精挑细选出来的蓝龙舌兰，采取传统的制造方法酿造而成。其特色在于清爽的香味和浓郁又温和柔顺的口感。马里亚奇（MARIACHI）是民族色彩极其浓厚的乐队，最初是为了炒热婚礼的气氛而组建的，后来也炒热了墨西哥的祭典。马里亚奇的发音与法文里的结婚（Mariages）谐音。这款龙舌兰酒的名称即来自这个乐队。银色龙舌兰酒甘醇纯净，很适合作为鸡尾酒的基酒；金色龙舌兰酒由熟成13个月的陈年龙舌兰酒调和而成，口感温和，用其来调制龙舌兰日出（一款鸡尾酒）再合适不过了。

主要产品

马里亚奇金色龙舌兰酒
酒精浓度40%
容量700毫升

以墨西哥的古代文明为名
由太阳与热情孕育而成的蒸馏酒

奥美加文明据说是根植于玛雅文明之前的墨西哥古代文明，而奥美加龙舌兰酒的名称即来自于此。其酒标上的大脸孔个性十足，其设计灵感来自于象征着奥美加文明的巨大石像。奥美加龙舌兰酒以高品质的蓝龙舌兰为原料，并利用优异的蒸馏技术进行蒸馏，创造出清澈纯净的风味。黄色龙舌兰酒需要在橡木桶中熟成6个月，极富深度，可以直接饮用或者加冰块饮用；白色龙舌兰酒则具有馥郁的香草味和柑橘系的风味，十分适合用作鸡尾酒的基酒。

奥美加黄色龙舌兰酒
酒精浓度40%
容量750毫升

主要产品

奥美加白色龙舌兰酒
酒精浓度40%
容量750毫升

具有新鲜的香气与纯净的风味
在墨西哥知名度最高

潇洒银色龙舌兰酒
酒精浓度40%
容量750毫升

潇洒龙舌兰酒产生于墨西哥独立的1873年，由唐・索诺毕欧・索沙在哈利斯科州塔奇拉镇创立。与生产金快活龙舌兰酒的库弗公司同为龙舌兰酒的两大厂商。其中又以潇洒龙舌兰酒在墨西哥的知名度最高，其新鲜的香气和纯净的风味受到人们的一致好评。另一方面，金色龙舌兰酒具有牛奶糖般的甘甜味道，且带有香草般的淡雅龙舌兰香，其中还夹杂着一点刺激的胡椒香味，这也是其一大特色。

主要产品

潇洒金色龙舌兰酒
酒精浓度40%
容量750毫升

以幸运的象征为名
用100%的龙舌兰酿成的高级龙舌兰酒

马蹄铁公司位于墨西哥哈利斯科州塔奇拉镇东方的阿玛阿提坦镇，1870年，一个叫费里斯安奴·罗莫的人在此创立了这家公司。是一家老字号的龙舌兰酒制造公司，而马蹄铁龙舌兰酒也被视为白金级龙舌兰酒的代名词，世界闻名。它的特点是完全不使用砂糖或者发酵的酵母，只用100%的蓝龙舌兰制成。从中可以感受到龙舌兰原本的味道，是一款评价极高的龙舌兰酒。值得一提的是，其名称马蹄铁（HERRADURA）在墨西哥也被视为幸运的象征。

马铁蹄银色龙舌兰酒
酒精浓度40%
容量750毫升

主要产品

马铁蹄黄色龙舌兰酒
酒精浓度40%
容量750毫升

在传说中的酿酒师的热情里诞生 风味芳香甘醇的白金级龙舌兰酒

唐胡利欧黄色龙舌兰酒
酒精浓度38%
容量750毫升

唐胡利欧·冈萨雷斯·埃斯特拉达，这个“传说中的男人”，被称为“真正的龙舌兰酒达人”，因为其酿出了墨西哥白金级龙舌兰酒的代表性产品——唐胡利欧龙舌兰酒。1942年，他创立了春天蒸馏酒厂，开始酿酒。唐胡利欧以100%的哈利斯科州洛斯·阿尔托斯产的蓝龙舌兰为原料，从栽培到熟成，全部采取手工作业。一点也不会有其他龙舌兰可能会有的苦涩，且口感圆润温和，又有着芳香甘醇的风味，堪称艺术品。

主要产品

唐胡利欧陈年龙舌兰酒
酒精浓度38%
容量750毫升
唐胡利欧1942龙舌兰酒
酒精浓度38%
容量750毫升
唐胡利欧雷亚尔龙舌兰酒
酒精浓度38%
容量750毫升

主力产品个性迥异
产自龙舌兰酒三大厂之一

1926年，欧恩丹公司在墨西哥哈利斯科州的塔奇拉镇创立，酿造各种不同风格的龙舌兰酒，并很快成为龙舌兰酒的三大厂之一。其选用100%的优质蓝龙舌兰为原料，蒸馏后再用白橡木桶熟成。其主力产品为熟成6个月的欧恩丹黄色龙舌兰酒，其特点是能感受到浓郁的龙舌兰风味；还有不经过橡木桶熟成的白色龙舌兰酒，其特色在于其新鲜的龙舌兰香气；还有用在橡木桶中熟成2年的龙舌兰酒调和而成的特级龙舌兰酒，有着十分好入口的口感。

欧恩丹黄色龙舌兰酒
酒精浓度40%
容量750毫升

主要产品

欧恩丹白色龙舌兰酒
酒精浓度40%
容量750毫升
欧恩丹特级龙舌兰酒
酒精浓度38%
容量750毫升

——龙舌兰的蒸馏酒总称——

Mezcal
梅斯卡尔酒

相关的法律规定，龙舌兰酒有其特定的产地和原料，而除了龙舌兰酒以外，其他用龙舌兰酿造的酒则都可以称为梅斯卡尔酒。据说梅斯卡尔酒最初是由本土的阿兹特克人采用龙舌兰酿造而成的普通酒再进行蒸馏而成的。虽然相关的法律规定只允许使用5种特定的龙舌兰来酿造蒸馏酒，但是实际的情况却是各种各样的龙舌兰都会被采用。其中尤以加入了虫或者辣椒的梅斯卡尔酒最负盛名。梅斯卡尔酒与龙舌兰酒很容易搞混。

带虫梅斯卡尔酒

（酒精浓度38%/容量700毫升）

在用100%的龙舌兰酿成的梅斯卡尔酒中加入一整只叫作“gusano”的蝴蝶幼虫（这种蝴蝶幼虫只会附在龙舌兰上），便成了带虫梅斯卡尔酒。在日本，流行的主要是红色的（=rojo）带虫龙舌兰酒。至于为什么要把这种幼虫加进酒里，则有几种不同的说法：一种说法是这种幼虫中含有珍贵的蛋白质；一种说法是其可以增加酒的独特风味；还有一种说法是其象征吉利、富有墨西哥风情，等等，但总的来说，还是以最后一种精神上的说法支持者最多。

把蝴蝶幼虫晒干之后加盐或者辣椒混合，再磨成粉末，便成了梅斯卡尔酒的下酒菜。

辣椒梅斯卡尔酒

（酒精浓度40%/容量500毫升）

在以100%的龙舌兰酿出的酒中加入一整根红辣椒，便成了辣椒梅斯卡尔酒。这种辣椒是墨西哥的特产，称为pasilla，是一种很大的品种，带有强烈的刺激风味。辣椒梅斯卡尔酒是由查戈亚家族酿造的，这个家族在瓦哈卡州已经传承了100多年。

其他蒸馏酒

The additional spirits

其他蒸馏酒的基础知识

概述

在蒸馏酒的世界里，除了威士忌、白兰地、金酒、伏特加、朗姆酒外，在世界各地，还有着许多跟当地的地缘关系相当密切的蒸馏酒。

这些蒸馏酒在各地不同的风土气候和历史中孕育而成，且与人们的生活息息相关，风味不同，各具特色。也有很多根据国家的规定成为足以代表国家的酒品。

众所周知，蒸馏酒均是以谷物或水果为主要原料的，通过加入适量的酵母使酒精发酵，再对提取出来的原酒进行蒸馏，便成了丰富多彩的蒸馏酒。一般来说，只要知道采用了什么原料，就可以确定它产自哪里。此外，根据每个地方的自然环境的不同而选取不同的酵母，也是进行地域性识别的重要因素。所以，就算使用的是同一种原料，但只要酵母不一样，风味也可能大相径庭。

凸显蒸馏酒个性的另一个重要因素是它的香味。在以主要原料酿成的蒸馏酒中加入不同的香草或香料，可以为蒸馏酒带来不同的风味，从而产生更独特的味道。

为了创造更加丰富的风味，也可以在基本的酿造方法的基础上加入各种复杂的工艺和程序，比如采取不同的工具和步骤、重复蒸馏的次数以及熟成的方法等。

主要区域性蒸馏酒

阿瓜维特酒

产地：北欧。　　主要原料：马铃薯。

用葛缕子之类的香草、香料来增添香味。

德国谷物酒

产地：德国。　　主要原料：小麦、裸麦等。

其特色在于不增添香味。

巴西甘蔗酒

产地：巴西。　　主要原料：甘蔗。

阿拉克酒

产地：东南亚—中东一带。　　主要原料：伊拉克蜜枣、椰子等。

白酒（中国酒）

产地：中国。　　主要原料：高粱、糯米等。

烧酒

产地：日本。　　主要原料：芋、米、麦等。

这里有一个蒸馏酒和利口酒如何区分的问题。一般来说，在蒸馏酒中加入香味成分的时候，一旦精华成分超过了一定的量，便不再称为蒸馏酒，而改称利口酒。在日本的酒税法里，将利口酒归类为再制酒，而不再称其为蒸馏酒。

以下是几个国家最具有代表性的酒，不过值得一提的是，虽然它们都是按照蒸馏酒的酿造方法酿制的，但是却被分类在利口酒里。

茴香烈酒

产地：希腊。

利用洋茴香之类的香草、香料来增添香味。

拉奇酒

产地：土耳其。

利用洋茴香之类的香草、香料来增添香味。

法式茴香酒

产地：法国。

利用洋茴香、甘草等香草、香料来增添香味。

利口酒的基础知识

这里所说的利口酒，就是指把蒸馏酒作为基酒，再加入香味成分、糖类等的酒品。它的历史非常古老，据说早在古希腊时代，希波克拉底便将药草浸泡在葡萄酒里酿成了最早的利口酒，被认为是利口酒的起源。

进入中世纪，炼金术士们创造了被称为“生命之水”的蒸馏酒。与此同时，溶入了药草精华的药酒也随之诞生。值得一提的是，在拉丁文里，“liquefacere”意为“溶入”，“liquor”则意为“液体”，据说，利口酒的名称便是由“liquefacere”或“liquor”转化而来的。

后来，修道院等地也开始酿造起药酒来，使用的药草和香草多姿多彩，酿造方式非常发达。到了15世纪，为了获得更好的口感，开始加入香味和糖分，终于发展成为今天的利口酒。

利口酒的定义和分类

日本的酒税法规定，除清酒、烧酒、味醂、啤酒、水果酒类、威士忌、气泡酒、粉末酒等酒类外，以酒类及糖类为原料，精华成分占2%以上的酒类即可被称为利口酒。而欧盟的法律则规定，酒精浓度在15%以上，且每升至少含有100克糖分的酒类才可被称为利口酒。如果糖分含量在250克以上，就可以称为香甜酒；如果含糖量达到了400克以上，则可以称为黑醋栗香甜酒。

增添香味的方法多种多样，主要有蒸馏法、浸渍法和注入精华法等。蒸馏法是指将会散发香味的香草、香料、水果等次要原料跟主要的原料放在一起蒸馏的方法；浸渍法是指把次要原料浸泡在作为基底的蒸馏酒里的方法；注入精华法则是把提取出来的香料加入蒸馏酒里的方法。同样，酿造的方法也是五花八门，可以根据次要原料的种类分成药草・香草类、水果类、坚果类、种子类以及除了这些以外的其他特殊分类。

CAMPARI

DISARONNO
DISARONNO
ORIGINALE
SINCE 1525
THE WORLD'S FAVOURITE
ITALIAN LIQUEUR
28% alc./vol 700 ml e

阿瓜维特酒
Aquavit

[概述]

阿瓜维特酒在北欧颇有名气。它以马铃薯为主要原料，再利用葛缕子（伞形科，种子为香辛料）等增添风味。在斯堪的那维亚半岛的瑞典、挪威、丹麦以及德国酿造。

在拉丁语中，“Aquavitae”意为“生命之水”，阿瓜维特的语源便来自于此。需要注意的是，每个国家的写法会略有不同，如瑞典文和丹麦文写作“Akvavit”，挪威文写作“Akevitt”，德文则写作“Aquavit”。

[历史]

在15世纪的瑞典文献资料中，有关于阿瓜维特酒的记载，但当时指的是将葡萄酒蒸馏后得到的酒，也就是跟白兰地差不多的酒。后来，原料换成了谷类。而直到18世纪将马铃薯引进北欧后，才开始使用马铃薯来酿酒。

[酿造方法]

将马铃薯的糖分发酵、蒸馏，得到原酒，再加入葛缕子、小茴香、洋茴香、小豆蔻等香草，使其风味更加丰富（加入的香草不同，得到的风味也不同），然后再继续蒸馏。如此酿成的阿瓜维特酒是无色透明的，也有一部分会经过橡木桶熟成，因此颜色也会有所变化。

在海上航行的蒸馏酒
挪威皇室的御用酒

挪威是阿瓜维特酒的主要生产国之一。原为挪威国有酿酒公司的海拉斯酒厂即以其生产的阿瓜维特酒闻名于世。“利尼”之名由其熟成方法而来，是“赤道”的意思。利尼阿瓜维特酒以马铃薯为主要原料，用葛缕子或香草来增添香味，再装入雪莉酒的旧桶里熟成。通常由船员们带到船上，随着船在海上航行，一直到抵达澳洲才算熟成期满，因此称其充满了海洋的风味。据说载着桶装的阿瓜维特酒进行穿越赤道的航海之旅，可以让其风味倍增。

利尼阿瓜维特酒
酒精浓度41.5%
容量700毫升

其他的阿瓜维特酒品牌

☆德国的阿瓜维特酒
德斯洛（Oldesloer）
圣彼得阿瓜维特酒
酒精浓度40%
容量700毫升

德国谷物酒

Korn

[梗概]

德国谷物酒以麦子为主要原料，无色无异味，口感温和圆润，是一种足以代表德国的传统酒。

其正式名称为“Korn branntwein”。其中，“Korn”是谷物的意思，“branntwein”则是火烧葡萄酒，也就是白兰地。后来，便简称为“Korn”了。

德国谷物酒是德国蒸馏酒（Schnaps）的一种。在喝啤酒的时候搭配饮用谷物酒，即可被称为“Beer&Schnaps”，听说还有暖胃的功效。

[原料与酿造方法]

按照欧盟的规定，德国谷物酒只能以小麦、大麦、燕麦、荞麦等作为原料，通过发酵、蒸馏酿造而成，不添加任何香料。其酒精度大多在32度以上，但不超过38度，超过38度的则称为谷物烈酒（Doppelkron）。

德国谷物酒的原料和制造方法可因产地不同而发生变化。在德国，小型的谷物酒生产者据说有3000家之多，且绝大多数都位于德国的西北部，各自生产着深受当地人喜爱的谷物酒。而在日本，这种产品则多是由大型的奥德斯洛公司酿造的。

产自著名的小麦产地
德国谷物酒的代表

1898年，奥德斯洛公司在德国北部的奥德斯洛创立，开始进行德国谷物酒的酿造。其以奥德斯洛产的优质小麦为原料，酿造出了德国最具有代表性的德国谷物酒。有“最不会宿醉的蒸馏酒”之美誉。创业者的证明（Grunderke）是最高级的德国谷物酒，选用最优质的小麦和最适宜的软水酿造而成。此外，奥德斯洛公司也生产用德国特有的葛缕子增添香味的蒸馏酒、钦梅尔酒等。

奥德斯洛德国谷物酒
酒精浓度32%
容量700毫升

主要产品

创业者的证明
酒精浓度35%
容量700毫升
钦梅尔酒（葛缕子蒸馏酒）
酒精浓度35%
容量700毫升
*在蒸馏酒的产品线中，也会制造阿瓜维特酒。——参照“阿瓜维特酒”P207

巴西甘蔗酒
Cachaça

[概述]

顾名思义，巴西甘蔗酒产自巴西，是以甘蔗为原料的蒸馏酒。其名称为葡萄牙文，正确的写法是“Cachaca”。值得一提的是，这个名称在每个地区的念法都不一样，要注意加以区分。

据说巴西甘蔗酒起源于16世纪，是在制造砂糖的过程中偶然发现的，由来自葡萄牙的移民在其所有的甘蔗园内酿造。

并不是所有的甘蔗酒都可以冠上巴西甘蔗酒之名，至于具体的规定，则每个国家各有不同。其中的重点如下：

1. 作为主要原料的甘蔗必须产自巴西；
2. 酒精度为38～54度；
3. 平均每升最多可以加入6克的糖，等等。

[酿造方法与分类]

从甘蔗中萃取出100%的甘蔗汁，进行发酵、蒸馏，期间不能添加一滴水。按照制造方法的不同，可以大致分为以下两个大类。

一是通过机械批量生产的巴西甘蔗酒。其特点是在短时间内发酵、蒸馏，不进行熟成，因而口感非常清爽。

二是酿酒师傅少量生产的巴西甘蔗酒。其特点是采用指定农家栽培的甘蔗，进行长时间的发酵，再以铜釜单式蒸馏器蒸馏，最后再装入橡木桶里熟成。由于酿造过程费工费时，因此也具有独特的深度。其主要生产地为米纳斯吉拉斯州，其中有很多小型的蒸馏酒厂，只是这些厂酿造出来的酒在日本很难买到。

知名度最高的巴西甘蔗酒在巴西几乎随处可见

巴西甘蔗酒51产自圣保罗州皮拉斯嫩卡市，是巴西甘蔗酒里知名度最高的品牌，足以代表巴西这个国家。在这里值得一提的是，当地的巴西甘蔗酒多半称为“Pinga”。可能很多人已经想到了，“51”是个编号，因为编号是51号的橡木桶熟成的巴西甘蔗酒十分好喝，便以其为名。其特色在于清淡爽口，没有任何怪味。它是巴西最普遍的蒸馏酒，人们常常把它与莱姆果汁、砂糖、打碎的冰块一起调成鸡尾酒来饮用，美其名曰“乡下人”（Caipirinha）。

巴西甘蔗酒51
酒精浓度40%
容量700毫升

小常识

巴西甘蔗酒的4大厂牌
Ypioca
Velho Barreiro
Tatuzinho
51 Cinquenta e um

※Ypioca 是创立于1846年的老字号，有橡木桶熟成的“金牌”“水晶”“奥罗”等产品（酒精浓度39%/ 容量700毫升）。

利口酒
Liqueur

在蒸馏酒里加入药草、香草及水果酿制而成

自古以来，以欧洲为主的世界各地都在酿造着各自的传统利口酒。这种酒或苦或甜，但是都可以直接饮用，也可以加冰块或兑上些微的水来喝。以下介绍的是几种拥有漫长历史，融合了传统和文化的利口酒。

茴香籽
Aniseed

洋茴香
Anise

茴香籽清凉的感觉很吸引人 散发出南法风情的利口酒

保乐和利加是法国茴香酒的两大品牌。其主要原料是洋茴香的果实部分，也就是茴香籽，再加以各种各样的香草增添风味，便成就了其独具一格的清爽风味。其特色在于加入水后，原本美丽澄清的黄绿色液体就会慢慢变成奶黄色。在20世纪曾经一度被禁止的苦艾酒（茴香酒的代表）现在已经重新面世。在被禁止期间，曾用其他原料代替其中的一部分原料进行生产，如此酿成的酒被称为法式茴香酒（Pastis），意即从模仿中衍生。茴香酒中的保乐继承了苦艾酒的系统，其酿造方法和苦艾酒几乎一模一样，而利加则被归类到法式茴香酒中。

保乐
酒精浓度40%
容量700毫升
利加
酒精浓度45%
容量700毫升

OUZO

乌柔茴香香甜酒

其他　利口酒

用洋茴香增添风味
举世闻名的希腊传统酒

茴香香甜酒12

酒精浓度38%

容量700毫升

乌柔茴香香甜酒的历史非常悠久，据说起源于东罗马帝国时代，是希腊传统的国民酒，就连赛普勒斯人也非常爱喝。其特色在于用洋茴香和香草类来增添香味，所以被归类在洋茴香系列的利口酒里。具有清凉感的强烈芳香与痛快的清爽风味体现了其作为茴香酒的主要特征。兑水后会变成混浊的白色。据说，乌柔茴香香甜酒12出自第12号橡木桶，是最高级的茴香香甜酒。至少采用10种以上的香草和香料，经由2次蒸馏，细致地酿造而成。

小常识

RAKI

拉奇

土耳其的“拉奇”以葡萄干为主要原料，加入洋茴香增添香味，是洋茴香系列的利口酒。常与希腊的茴香香甜酒一起出现。由于兑水后会变成混浊的白色，故又称之为“狮子奶”。众所周知的是一种名为“YENI RAKI”的产品。

源自深山修道院的神秘味道

夏翠丝香甜酒在法国南法深山的修道院里诞生，其名称源自修道院名。采用130种药草、香草调和而成，其调和比例极为隐秘，据说至今为止只有夏翠丝修道院里的3位修道士知道。夏翠丝香甜酒有着非常独特的香气和痛快舒畅的味道，用颜色来分类，可分为夏翠丝绿色香甜酒和夏翠丝黄色香甜酒。

夏翠丝绿色香甜酒
酒精浓度55%/ 容量700毫升

Suze

苏兹香甜酒

深受艺术家喜爱的利口酒

苏兹香甜酒
酒精浓度15%
容量1000毫升

苏兹香甜酒诞生于1889年，是药草·香草系利口酒的代表，在法国也有很多支持者。由于深受毕加索和达利等知名艺术家的喜爱，使其名声大噪。其以被称为Gentiana的野生龙胆根酿造而成，具有独特的苦涩味和清爽味，据说促消化的效果显著。

让人“满意”的利口酒

诞生于1745年的苏格兰。以熟成15年以上的苏格兰麦芽威士忌为基础，加入石楠花的蜂蜜和各种香草、香料，极富层次感。在盖尔语中，它的名称意为满意的酒。

蜂蜜香甜酒
酒精浓度40%
容量750毫升

意大利最具代表性的利口酒

金巴利香甜酒
酒精浓度25%
容量750毫升

金巴利香甜酒是十分受欢迎的餐前、佐餐酒。是在始创于1860年的荷兰风苦味酒的基础上继续发展而成的。是意大利最具有代表性的利口酒，风靡世界190多个国家。在酿造的过程中使用了苦橙和30多种香草。酒色鲜红且带有淡淡的苦涩是其最大的特征。

奥地利皇帝钟情的利口酒

原是达尔马提亚朴素的地方酒，1821年在吉罗拉莫·路萨朵手中脱胎换骨，蜕变成了精制的马拉斯奇诺樱桃酒。其选用欧洲的酸樱桃（樱桃的一种）精心酿制而成，无色透明，芳香馥郁，且由于用上了种子，所以又多了几分复杂的风味，就连奥地利皇帝也深深为之着迷。

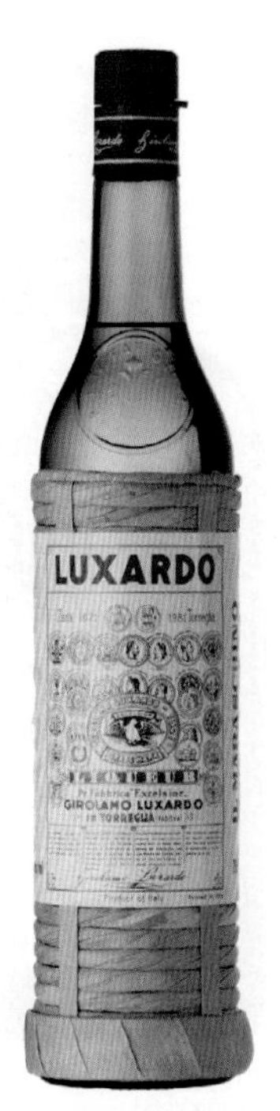

路萨朵马拉斯奇诺樱桃酒
酒精浓度32%
容量750毫升

以柳橙酿造而成的利口酒

君度橙酒
酒精浓度40%
容量700毫升

库拉索香甜酒就是把柳橙的果皮浸渍在蒸馏酒里的利口酒的总称。据说早在17世纪下半叶，就出现了最初的库拉索香甜酒，当时是用加勒比海的库拉索岛生产的柳橙酿造而成的。可分为咖啡色的柳橙库拉索香甜酒、无色透明的白色库拉索香甜酒等，其中又以19世纪诞生于法国的君度橙酒最为知名。

充满浪漫气息的利口酒

这是一种十分有名的意大利餐后酒。其主要原料为杏仁，再加上各种香草和从水果里提取出来的成分作为辅料，所以会散发出杏仁般的甘甜芳香。据说其诞生于16世纪，在米兰的北部小镇沙朗诺，一位湿壁画画家和一位美丽的女性发生了动人的爱情故事，而杏仁香甜酒就是在这个美好的故事里诞生的。19世纪后，杏仁香甜酒开始广为人知。

意大利帝萨诺杏仁香甜酒
酒精浓度28%
容量700毫升

其他有名的利口酒

药草·香草系

薄荷香甜酒

从1760年创立于法国的糖果盒蒸馏酒厂的薄荷利口酒发展而来。

水果系

金万利香甜酒

用柳橙的果皮增添香味，是法国有名的柳橙库拉索香甜酒。

黑醋栗香甜酒

使用了黑醋栗，为深红宝石色。

柠檬香甜酒

使用了柠檬的传统南意大利特产。

荔枝香甜酒

始于20世纪80年代的荔枝利口酒。

坚果·种子系

核桃香甜酒

意大利特产，用核桃和榛果酿成，口味甘甜，适合作为餐后酒。

卡鲁哇咖啡酒

产地是墨西哥，由咖啡豆酿造而成，同品牌的卡鲁哇牛奶非常有名。

巧克力（奶油）香甜酒

以“莫扎特”“Godiva”最为有名。

贝礼诗香甜酒

用牛奶和爱尔兰威士忌酿造而成，带有浓郁的甘甜。

图书在版编目（CIP）数据

洋酒笔记 /（日）上田和男主编 ；王芳译. — 北京 ：北京美术摄影出版社，2015.4
ISBN 978-7-80501-736-5

Ⅰ. ①洋… Ⅱ. ①上… ②王… Ⅲ. ①酒—介绍—世界 Ⅳ. ① TS262

中国版本图书馆CIP数据核字（2015）第016082号

北京市版权局著作权合同登记号：01-2013-4760

责任编辑：董维东
特约编辑：刘　佳
责任印制：彭军芳

洋酒笔记
YANGJIU BIJI

[日] 上田和男　主编　王芳　译

出　版　北京出版集团公司
　　　　北京美术摄影出版社
地　址　北京北三环中路6号
邮　编　100120
网　址　www.bph.com.cn
总发行　北京出版集团公司
发　行　京版北美（北京）文化艺术传媒有限公司
经　销　新华书店
印　刷　北京国彩印刷有限公司
版　次　2015年4月第1版第1次印刷
开　本　90毫米×160毫米　1/64
印　张　3.5
字　数　150千字
书　号　ISBN 978-7-80501-736-5
定　价　29.90元
质量监督电话　010-58572393

定价：29.90 元